新编畜禽饲养员培训教程系列丛书

新编羊饲养员培训教程

◎ 李连任　主编

U0349400

中国农业科学技术出版社

图书在版编目（CIP）数据

新编羊饲养员培训教程 / 李连任主编 . —北京：中国农业科学技术出版社，2017.9

ISBN 978-7-5116-3190-9

Ⅰ.①新… Ⅱ.①李… Ⅲ.①羊–饲养管理–技术培训–教材 Ⅳ.① S826

中国版本图书馆 CIP 数据核字（2017）第 181567 号

责任编辑　张国锋
责任校对　马广洋

出　版　者　中国农业科学技术出版社
　　　　　　北京市中关村南大街 12 号　邮编：100081
电　　　话　（010）82106636（编辑室）（010）82109702（发行部）
　　　　　　（010）82109709（读者服务部）
传　　　真　（010）82106631
网　　　址　http://www.castp.cn
经　销　者　各地新华书店
印　刷　者　北京富泰印刷有限责任公司
开　　　本　880mm×1 230mm　1/32
印　　　张　5.875
字　　　数　168 千字
版　　　次　2017 年 9 月第 1 版　2017 年 9 月第 1 次印刷
定　　　价　24.00 元

编写人员名单

主　　编　李连任

副 主 编　徐海燕　闫益波

编写人员　李连任　李　童　李长强　卢冠滔

　　　　　闫益波　庄桂玉　徐从军　庄须新

　　　　　徐海燕　侯和菊　陈起飞

前言

　　进入 21 世纪，畜禽养殖业集约化程度越来越高，设施越来越先进，饲料营养水平越来越科学。通过多年不断从国外引进种畜禽良种和选育、扩繁、推广，我国主要种畜禽遗传性能得到显著改善。但是，由于饲养管理和疫病等问题导致优良畜禽良种生产潜力得不到充分发挥，养殖效益滑坡甚至亏损的情形时有发生。因此，对处在生产一线的饲养员要求越来越高。

　　但是，一般的畜禽场，即使是比较先进的大型养殖场，因为防疫等方面的需要，多处在比较偏僻的地段，交通不太方便，对饲养员的外出也有一定限制，生活枯燥、寂寞；加上饲养员工作环境相对比较脏，劳动强度大，年轻人、高学历的人不太愿意从事这个行业，因此，从事畜禽饲养员工作的以中年人居多，且流动性大，专业素质相对较低。因此，从实用性和可操作性出发，用通俗的语言，编写一本技术先进实用、操作简单可行，适合基层饲养员学习参考的教材，是畜禽养殖从业者的共同心声。

　　正是基于这种考虑，我们组织了农科院所专家学者、职业院校教授和常年工作在畜禽生产一线的技术服务人员，从各种畜禽饲养员的岗位职责和素质要求入手，就品种与繁殖利用，营养与饲料，饲养管理，疾病综合防制措施等方面的内容，介绍了现代畜禽生产过程中的新理念、新技术、新方法。每个章节都给读者设计了知识目标和技能要求；在为培训人员设置的技能训练项目中，提出了具体的目的要求、训练条件、操作方法和考核标准；为饲养员设计了思考与练习题目，方便培训时使用。

本书可作为基层养殖场培训饲养员的专用教材或中小型养殖场、各类养殖专业合作社工作人员及农村养殖专业户自学使用，亦可供农业大中专院校相关专业师生阅读参考。

由于作者水平有限，书中难免存在纰缪。对书中不妥、错误之处，恳请广大读者不吝指正。

编　者
2017 年 5 月

目　录

第一章　羊饲养员的职责与素质

知识目标

1. 了解羊饲养员的职责与素质要求。

2. 掌握羊体温测量的方法、捉羊与倒羊、保定、羊的年龄判断、羊的编号、去势、去角、修蹄、羔羊断尾、剪毛、药浴、驱虫、给药等技术。

技能要求

熟练掌握羊体温测量的方法、捉羊与倒羊、保定、羊的年龄判断、羊的编号、去势、去角、修蹄、羔羊断尾、机械剪毛、药浴、驱虫、给药等技术操作规程。

一、羊饲养员的职责

① 饲养人员应当遵守场纪场规，服从领导，安全生产，爱岗敬业。

② 必须按时上下班，不得随意改变上下班时间，有事需征得技术员或场领导的批准。

③ 必须保持圈舍内、外（圈前、圈左、圈后）环境卫生的清洁、干净。

④ 必须遵循饲养操作规范，不得随时改变方式，饲喂时间次数及饲喂的数量。

⑤ 必须每天清洗水槽，勤放水，达到羊只自由饮水的要求。

⑥ 必须每天做到检查羊群的吃草及饮水情况，发现异常情况及时向技术员汇报。

⑦ 严禁浪费水电、饲草料和破坏生产设施。

⑧ 在拉运青贮草及皇竹草、青干草时，要注意自身及圈舍设施的安全，同时应做到少装、勤拉的原则，以免减少饲草浪费，保持环境卫生。

⑨ 值班房必须排好值班顺序，确保每晚有人值班，在产羔期间，各基础群饲养员必须每晚值班，发现产羔羊时及时向技术员汇报，其他羊群饲养员按平时值班顺序值班。

⑩ 协调技术人员搞好羊群的日常管理工作，包括配种、防疫、防治并分群、鉴定、剪毛、修蹄、药浴、驱虫、去势、断奶、出售等工作。

⑪ 在发现圈舍设施及用具损坏情况，及时和检修人员联系，采取修理措施。

⑫ 必须做好羊群数量及用具设施的记录，防止丢失。尤其在消毒、拉粪期间注意羊只及圈舍财产的安全。

⑬ 各饲养员必须爱护羊群及设施设备，不得有意损害或有意伤害羊只。

二、羊饲养员的素质要求

（一）思想素质

1. 要有"以场为家"的思想

今天工作不努力，明天努力找工作。

2. 态度方面

不是要求每个人，业务水平都很高，但是工作态度决定一切，业务水平再高如果没有正确的工作态度，也不可能把工作干好。

3. 要遵守场规

不以规矩，无以成方圆。要遵守场区的各项制度，特别是卫生消毒、请假等制度。

（二）业务素质

一名合格的饲养员要有基本的业务知识，如果一点业务知识也没有，光凭一腔热情也是干不好工作的。允许不会，但是不允许不学，要干一行爱一行，爱一行钻研一行，这样才能成为这一行的行家里手。

三、羊饲养员应具备的基本技能

（一）羊体温的测量方法

1. 传统检查法

一般用手触摸羊的耳根或将手指插进口腔，即可感知羊是否发烧。

2. 准确检查法

准确的方法是用兽用体温表进行直肠测温。具体的方法如下。

① 把体温表用力甩到 35℃以下；涂上润滑剂（凡士林、石蜡油、植物油）后。

② 将有水银的一端从肛门口边缓慢插入直肠内。

③ 体温表的夹子固定在尾根部的背毛上，经 3~5 分钟后取出，读取水银柱顶端的刻度数，即为羊的体温度数。

3. 兽用电子体温计测量法

相比于传统测温方法，应用兽用电子体温计测量羊体温，精度高、误差小。测量方法是：将兽用电子体温计软头部位插入被测羊直肠 5~8 厘米后，按下开关（ON/OFF）键，听到"嘀"声后开始测量，当听到持续"嘀……"声后，测量结束。20~40 秒抽出体温计，查看测量结果后，按开关键关闭（或 5 分钟后自动关机）。

一般幼羊比成年羊的体温要偏高些，热天比冷天高些。下午比上午高些，运动后比运动前高，均属正常生理现象。如果体温超过正常范围，则为发烧。多见于传染病、各种炎症性疾病和一些血液原虫病等。但在一些中毒性疾病和蠕虫病过程中，羊的体温常没有变化。

羊的正常体温为：38~39.5℃，羔羊高出约 0.5℃，剧烈运动或经暴晒的病羊，须休息半小时后再测温。出现以下情况请饲养员注意。

（1）发热 体温高于正常范围，并伴有各种症状的称为发热。

3

（2）微热　体温升高 0.5~1℃称为微热。

（3）中热　体温升高 1~2℃称为中热。

（4）高热　体温升高 2~3℃称为高热。

（5）过高热　体温升高 3℃以上称为过高热。

（6）稽留热　体温高热持续 3 天以上，上下午温差 1℃以内，称为稽留热。见于纤维素性肺炎。

（7）弛张热　体温日差在 1℃以上而不降至常温的，称弛张热。见于支气管肺炎、败血症等。

（8）间歇热　体温有热期与无热期交替出现，称为间歇热。见于血孢子虫病、锥虫病。

（9）无规律发热　发热的时间不定，变动也无规律，而且体温的温差有时相差不大，有时出现巨大波动，见于渗出性肺炎等。

（10）体温过低　体温在常温以下，见于产后瘫痪、休克、虚脱、极度衰弱和濒死期等。

（二）捉羊与倒羊

捉羊是管理上常见的工作。常见抓羊者，抓住羊体的某一部分强拉硬扯，使羊的皮肉受到刺激，羊毛生长受影响，甚者使羊体受到损伤。

正确捉羊的方法有很多，可以根据自己的实际情况选择使用［图 1-1（a）-（d）］。如用一只手迅速抓住羊的小腿末端（小腿末端较细，便于手握而不易伤及皮肉），然后用另一只手抱住羊的颈部或托住下颌；右手捉住羊后腱部，然后左手握住另一腱部，因为腱部的皮肤松弛，不会使羊受伤，人也省力，容易捕捉；尽量抓羊腰背处的皮毛，直接抓腿时防扭伤。抓羊时，不可将羊按倒在地使其翻身，因羊肠细而长，这样易造成羊肠扭转使羊死亡。羊抓住后，人骑在羊背上，用腿夹住羊的前肢固定好，便可喂药、打针、做各种检查了。

引导羊前进时，如拉住颈部和耳朵时，羊感到疼痛，用力挣扎，不易前进。正确的方法是一手在额下轻托，以便左右其方向，另一手在坐骨部位向前推动，羊即前进。

放倒羊的时候，人应站在羊的一侧，一手绕过羊颈下方，紧贴羊另一侧的前肢上部，另一只手绕过后肢紧握住对侧后肢飞节上部［图

（a）一手扶在颈前，一手扶在后背

（b）一手迅速抓住羊的小腿，
一手扶住颈部

（c）双手握住两前肢，倒提

（d）一手固定颈部，一手固定
腰背皮肤

（e）一手绕过颈前，一手握住
对侧后肢

（f）卧倒，四肢聚拢

图1-1 正确捉羊与倒羊法

1-1（e）]，轻托后肢，使羊卧倒［图1-1（f）]。

（三）保定

在了解羊的习性的基础上，视个体情况，尽可能在其自然状态进行检查。必要时，可采取一定的保定措施，以便于检查和处理，保证人、畜安全。接近羊只时，要胆大、心细、温和、注意安全。检查者应先向其发出欲接近的信号，然后从其侧前方徐徐接近。接近后，可用手轻轻抚摸其颈部或臀部，使其保持安静、温顺状态。

1. 物理保定法

（1）握角骑跨夹持保定法　保定者两手握住羊的两角或头部，骑跨羊身，以大腿内侧夹持羊两侧胸壁即可保定（图1-2）。适用于临床检查或治疗时的保定。

（2）两手围抱保定法　保定者从羊胸侧用两手分别围抱其前胸或股后部加以保定（图1-3）。羔羊保定时，保定者坐着抱住羔羊，羊背向保定者，头朝上，臀部向下，两手分别握住前后肢。适用于一般检查或治疗时的保定。

图1-2　握角骑跨夹持保定法

图1-3　两手围抱保定法

（3）侧卧保定法　保定大羊时，保定者俯身从对侧一手抓住羊两前肢系部或一前肢臂部，另一手抓住腹肋部膝袋处搬到羊体，然后，另一手改为抓住两后肢系部，前后一起按住即可（图1-4）。为了保定牢靠，可用绳将四肢捆绑在一起。适用于治疗或简单手术时的保定。

图1-4　侧卧保定法

（4）倒立式保定法　保定者骑跨在羊颈部，面向后，两腿夹紧羊体，弯腰用手将两后肢提起。适用于阉割、后躯检查等。

根据不同的检查需要，也可以采取单人徒手保定法（图1-5）、双人徒手保定法（图1-6）、栏架保定法（图1-7）和手术床保定法（图1-8）等。

图1-5　单人徒手保定法

图1-6　双人徒手保定法

图1-7　栏架保定法

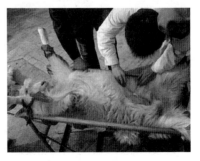

图1-8　手术床保定法

2．化学保定法

它又称化学药物麻醉保定法。指应用化学试剂，使动物暂时失去运动能力，以便于人们对其接近捕捉、运输和诊治的一种保定方法。羊常用的药物和剂量（毫克／千克体重）为：静松灵 1.3~3.0，氯胺酮 20.0~40.0，司可林（氯化琥珀胆碱）2.0。化学保定剂一般作肌内注射，剂量一定要计算准确。

（四）羊的年龄判断

判断羊的年龄，多用牙齿判断法。

羊的牙齿根据发育阶段分为乳齿和永久齿两种。乳齿小而洁白，排列有间隙；永久齿大而微黄，排列紧密。幼年羊共有 20 枚乳齿，随着羊的生长发育，逐渐更换为永久齿，到成年时达 32 枚。成年羊的齿式为：上下颌各有 12 枚臼齿（每边各 6 枚），共有 24 枚臼齿。羊的上颌没有门齿，下颌有 8 枚门齿，最中间的一对称为钳齿，依次向外各对称为内中间齿、外中间齿和隅齿。

① 羊的牙齿判断法是根据其门齿的发育规律来判断的。羔羊初生时长出第 1 对乳门齿，生后 1 周长出第 2 对乳门齿，生后 2~3 周长出第 3 对乳门齿，生后 1 个月长出第 4 对乳门齿。

② 乳齿更换为永久齿的年龄。1~1.5 岁更换钳齿，1.5~2.0 岁更换内中间齿，2.25~2.75 岁更换外中间齿，3.5~4.0 岁更换隅齿。到 4 岁时，4 对乳齿完全更换为永久齿，一般称为"齐口"或"满口"。

一般来说，1 岁不扎牙（不换牙），2 岁一对牙（切齿长出），3 岁两对牙（内中间齿长出），4 岁三对牙（外中间齿长出），5 岁齐（隅齿长出），6 岁平（牙上部由尖变平），7 岁斜（齿龈凹陷，有的牙开始活动），8 岁歪（齿与齿之间有大的空隙），9 岁掉（牙齿有脱落现象）（图1-9）。

③ 4 岁以上的羊，主要根据门齿的磨损程度来判断年龄。5 岁牙齿出现磨损，称为"老满口"。6 岁齿龈凹陷，牙齿向前方斜出，齿冠变狭小，称为"漏水"。7 岁牙齿松动或脱落，称为"破口"。牙床只剩下点状齿时，称为"老口"，年龄已在 8 岁以上。但羊的牙齿更换时间及磨损程度与很多因素有关，如个体、品种以及所采食的饲料种类等。因此，以牙齿识别年龄只能提供参考（表1-1）。

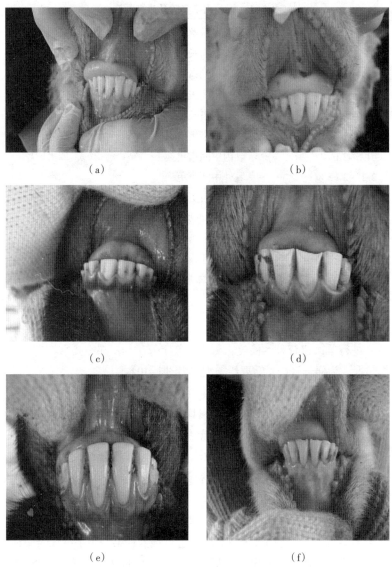

（a） （b）

（c） （d）

（e） （f）

图1-9　换齿判断年龄

图注：（a）下颌的门齿8枚，无缝，刚齐口，4~5岁；（b）牙上部虽有变平，但仍尖，5~6岁；（c）牙上部由尖变平，第二对牙齿明显有缝，7岁以上；（d）齿龈凹陷，牙上部凹陷，7~8岁；（e）齿面平，第二对牙齿明显有缝，7岁以上；（f）齿面凹陷，有的牙开始活动，个别牙齿有歪斜，7~8岁。

表1-1　绵、山羊年龄牙齿判断法

羊的年龄	乳门齿长出、更换及永久齿的磨损	习惯叫法
1 周龄	乳钳齿长出	-
1~2 周龄	乳内中间齿长出	-
2~3 周龄	乳外中间齿长出	-
3~4 周龄	乳隅齿长出	-
1.0~1.5 岁	乳钳齿更换	对牙
1.5~2.0 岁	乳内中间齿更换	四齿
2.25~2.75 岁	乳外中间齿更换	六齿
3.5~4.0 岁	乳隅齿更换	满口、齐口
5 岁	钳齿齿面磨平	老满口
6 岁	内外中间齿齿面磨平	漏水
7 岁	开始有牙齿脱落	破口
8 岁及以上	牙齿基本脱落	老口

（五）羊的编号

进行羊改良育种、检疫、测重、鉴定等工作，都需要掌握羊的个体情况，为便于管理，需要给羊编号（图1-10）。

编号多用耳标法。耳标分为金属耳标和塑料耳标两种，形状有圆形、长条形、凸字形等。使用金属耳标时，先用钢字钉将编号打在耳标上，习惯上编号的第一个字母代表年份的最后一位数，第二、第三个数代表月份，后面跟个体号，"0"的多少由羊群规模大小而宜。种羊场的编号一般采用公单母双进行编号。例如：60600018，"606"代表该羊是 2016 年 6 月生的，后面的"00018"为个体顺序号，双数表示此羊为母羊。耳标一般佩戴在左耳上。在小型羊场，因为规模小，所产羔羊不多，也可选用五位数对羔羊进行编号：第一个字母代表品种，第二、第三位数代表年份的最后两位数，后面直接跟个体号，公羔标单号，母羔标双号，"0"的多少由羊群规模大小来定。如 T1702，T 代表所养的羊品种是陶赛特，"17"代表是 2017 年，"02"代表该羔羊的个体号是 02 号，并且是母羔。

（a）用碘酊消毒

（b）耳标与耳标钳

（c）将耳标打在耳朵上

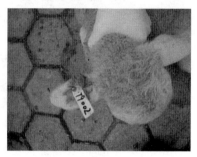

（e）固定好的耳标

图1-10　给羔羊打耳标

打耳标时，先用碘酊消毒，然后在靠近耳根软骨部避开血管处，用打孔钳打上耳标。塑料耳标目前使用很普遍，可以直接将耳标打在羊的耳朵上，成本低，而且以红、黄、蓝等不同颜色代表羊的等级，适用性更强。

（六）去势

去势一般在羔羊生后1~2周内进行，天气寒冷或羔羊虚弱，去势时间可适当推迟。去势法有结扎法［图1-11（a）］，刀切法［图1-11（b）］。结扎法是在公羔生后3~7天进行，用橡皮筋结扎阴囊，隔绝血液向睾丸流通，经过15天后，结扎以下的部位脱落。这种方法不出血，亦可防止感染破伤风。刀切法是由一人固定公羔的四肢，腹部向外显露出阴囊，另一人用左手将睾丸挤紧握住，右手在阴囊下1/3处纵切一切口，将睾丸挤出，拉断血管和精索，伤口用碘酒消毒。

（a）结扎法去势

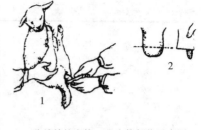

1.公羔羊的去势　2.去势部位示意图

（b）刀切法去势

图　1-11 羔羊的去势

（七）去角

羊公母羊一般均有角，有角羊只不仅在角斗时易引起损伤，而且饲养及管理都不方便，少数性情恶劣的公羊，还会攻击饲养员，造成人身伤害。因此，采用人工方法去角十分重要。羔羊一般在生后 7~10 天去角，对羊的损伤小。人工哺乳的羔羊，最好在学会吃奶后进行。有角的羔羊出生后，角蕾部呈漩涡状，触摸时有一较硬的凸起。去角时，先将角蕾部分的毛剪掉，剪的面积要稍大些（直径约 3 厘米）。去角的方法主要如下。

1. 烧烙法

将烙铁于炭火中烧至暗红（亦可用功率为 300 瓦左右的电烙铁）后，对保定好的羔羊的角基部进行烧烙，烧烙的次数可多一些，但每次烧烙的时间不超过 1 秒钟，当表层皮肤破坏，并伤及角质组织后可结束，对术部应进行消毒。在条件较差的地区，也可用 2~3 根 40 厘米长的锯条代替烙铁使用。

2. 化学去角法

即用棒状苛性碱（氢氧化钠）在角基部摩擦，破坏其皮肤和角质组织。术前应在角基部周围涂抹一圈医用凡士林，防止碱液损伤其他部分的皮肤。操作时先重、后轻，将表皮擦至有血液浸出即可。摩擦面积要稍大于角基部。术后应将羔羊后肢适当捆住（松紧程度以羊能站立和缓慢行走即可）。由母羊哺乳的羔羊，在半天以内应与母羊隔离；哺乳时，也应尽量避免羔羊将碱液污染到母羊的乳房上而造成损伤。去角后，可给伤口撒上少量的消炎粉。

（八）修蹄

羊由于长期舍饲，往往蹄形不正，过长的蹄甲，使羊行走困难，影响采食。长期不修，还会引起蹄腐病、四肢变形等疾病，特别是种公羊，还直接影响配种。

修蹄最好在夏秋季节进行，因为此时雨水多，牧场潮湿，羊蹄甲柔软，有利于削剪和剪后羊只的活动。操作时，先将羊只固定好，清除蹄底污物，用修蹄刀把过长的蹄甲削掉（图1-12）。蹄子周围的角质修得与蹄底基本平齐，并且把蹄子修成椭圆形，但不要修剪过度，以免损伤蹄肉，造成流血或引起感染。

（a）清除污物，削平蹄底

（b）削掉过长的蹄甲

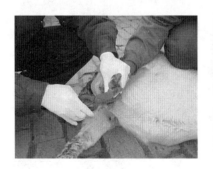

（c）修蹄子周围角质

（d）蹄子修成椭圆形

图1-12　修蹄

（九）羔羊断尾

一些长瘦尾型的羊，为了保护臀部羊毛免受粪便污染和便于人工授精，应在羔羊出生一周后将尾巴在距尾根 4~5 厘米处去掉，所留尾巴的长度以母羊尾巴能遮住阴部为宜。通常羔羊断尾和编号同时进行，可减少抓羊次数，降低劳动强度。

1. 结扎法

就是用橡皮筋或专用橡皮圈，套紧在尾巴的适当位置上（第三、四尾椎间），断绝血液流通，使下端尾巴因缺血而萎缩、干枯，经 7~10 天而自行脱落（图 1-13）。此方法优点是不受断尾时条件限制，不需专用工具，不出血、无感染，操作简单，速度快，安全可靠，效果好。

（1）套圈处消毒

（2）套圈处剪毛

（3）套圈

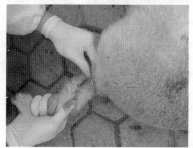
（4）固定好套圈

图 1-13　羔羊断尾

2. 热断法

用带有半月形的木板压住尾巴，将特制的断尾铲热后用力将尾巴铲掉。此方法需要有火源和特制的断尾工具及 2 人以上的配合，操作不太方便，且有时会形成烫伤，伤口愈合慢，故不多采用。

（十）剪毛

剪毛是畜牧业生产的重要环节，关系着养羊业生产的效益。每年 5~6 月都要进行 1 次剪毛。细毛羊、半细毛羊一般 1 年剪 1 次毛；粗毛绵羊每年可剪 2 次，除了春季外，9~10 月再剪 1 次。

剪毛的方法分为手工剪毛（图 1-14）和机械剪毛（图 1-15）

图 1-14　手工剪毛

（a）电动剪毛机的动力

（b）电动剪毛机

（d）电动剪毛

图 1-15　电动剪毛

2种。规模小的羊场或农户散养的羊通常采用手工剪毛。机械剪毛适用于大型农牧场、种羊场，优点是剪毛速度快、省工省时、效率高，通常为手工剪毛的3~4倍。

1. 剪毛设备

主要有电动剪毛机。电动剪毛机具有结构紧凑、造型美观、重量轻、振动小、握柄舒适、操作灵活可靠、维护保养简便、噪声小等特点，既适合个体养羊户小批量剪毛，也适合有组织大规模的剪毛，并且还适合生、熟毛皮及毛刷的修剪。

2. 绵羊机械剪毛

剪毛应从羊毛价值低的绵羊开始。从羊的品种讲，先剪粗毛羊，后剪杂种羊，最后剪细毛羊。对同一品种羊群，剪毛顺序为羯羊、试情羊、幼龄羊、种公羊、母羊、患皮肤病和外寄生虫病的羊。

剪毛工作应注意以下事项。

① 剪毛前1周应把羊群转入凉圈，以防下雨圈泥污染羊毛。

② 剪毛应在剪毛台上进行。没有剪毛台的地方应在剪毛场地铺上苫布，在苫布上剪毛。泥土地、沙土地、草地或其他有损羊毛质量的场地均不能直接用作剪毛场地。

③ 剪毛前应将有损羊毛品种的羊只标记剪掉（如油漆标记等）。同时注意清理羊只体表黏附的异性纤维。

④ 剪毛前应将同一群羊只按细毛羊、半细毛羊分级标准分群，按级分群剪毛，以便于剪毛后进行羊毛分等，确保羊毛品质的一致性。剪完患病羊后，将场地、用具等严格消毒，以免传染疾病。

⑤ 剪毛按照技术程序进行。先把头、腿、尾及粪污毛、尿污黄残毛剪下，单独存放。减少重剪毛，尽量保持毛套完整。腹毛、头毛现场分级后，归入相应等级。

⑥ 推行机械剪毛，以减轻劳动强度，提高工作效率和羊毛综合品质。

⑦ 羊毛分等应在剪毛现场进行，分级后分别存放，防止互相污染。

⑧ 剪毛场地应随时清理。

⑨ 剪毛前应准备好必要的药品。

3. 机械剪毛流程

机械剪毛可以在木制剪毛台上或铺帆布的地上进行，以便剪毛工作地点保持清洁。开剪前，对细毛羊往往还要用手剪剪去羊头部和尾部等质量较低的毛和粪毛，然后仔细收集和单独存放，不应和质量高的毛混杂。

第一道工序：剪毛工将羊放倒，腹部朝上，并将羊的右后腿夹在右腿关节中之后，呈下蹲姿势。从羊腹部右侧前后腿之间开剪，依次向左侧剪完腹部毛，剪公羊包皮附近时要特别小心需横向推进，母羊乳房后部的毛也应在此时剪掉，为了避免剪掉或剪伤乳头应用左手手指扭在乳头后剪毛。

第二道工序：翻转羊呈右侧卧状态。剪毛工左手拉羊左后腿，呈半蹲姿势，剪羊左后腿外部毛部和左侧毛。

第三道工序：用右膝轻压在羊后腿上部，左手拉住羊左前腿，依次长行程剪去左侧、前腿和左肩的毛。此时要剪过脊椎骨。

第四道工序：剪毛工上身向前倾，左手按直羊头。剪掉羊左颈部和面部毛。

第五道工序：剪毛工右膝轻压住羊左腿上侧部，左手抬起羊头，剪掉绵羊头部毛。

第六道工序：左手将羊头拉向剪毛工右小腿使羊颈右侧皮肤拉紧，剪掉羊颈右侧的毛。

第七道工序：剪毛工的腿移到羊背部，两腿呈左右夹羊姿势。左手握住羊下颚用力拉起，把羊头按在两膝上。剪羊颈下垂部右侧毛，此后把羊头推倒两腿后，用两腿夹住羊的脖子剪胸部右剪退的毛。

第八道工序：剪毛工后退，羊头仍被两腿夹住，将头拉起，使羊右臀部着地，呈半坐姿势，左手拉紧羊右侧皮肤，依次长行和剪光右侧腰部毛和右后腿外部毛后将羊挂起，毛被呈一整张。

4. 绒山羊抓绒

绒山羊被毛由2层纤维组成，底层纤维是山羊绒，上层长毛是粗毛。而山羊绒是纺织工业的高级原料，产绒山羊的羊绒1年梳1次。研究表明，山羊绒的生产有其规律性，不同地区不同品种绒山羊的羊绒生长速度不一样，但生长的停止时间是相同的，一般在4月底、5月初必须进行抓绒，高寒的牧区可稍晚些时候抓绒。从性别、年龄、体况来说，羊绒的脱落也有其规律性。母羊先脱落，公羊后脱落；成年羊先脱落，育成羊后脱落；体况好的羊先脱落，体弱的羊后脱落。

梳绒应在宽敞明亮的屋子里进行，场地要打扫干净，除掉一切污染物。

抓绒工具是铁梳子。铁梳子分两种，一种是稀梳子，由 7~8 根钢丝组成，间距 2.0~2.5 厘米；另一种是密梳子，由 12~14 根钢丝组成，间距 0.5~1.0 厘米，钢丝直径为 0.3 厘米，梳齿的顶端为秃圆形。

对要抓绒的羊在 12 小时之前停止放牧和饮水。抓绒时，最好将羊倒卧于一台长 120 厘米、宽 60 厘米、高 80 厘米的木制平台上。或在一块平地铺上炕席进行。将羊卧倒后，梳左侧捆右脚，梳右侧捆左脚。先用稀梳顺毛方向，梳去草屑和粪块等污物，再用密梳子从股、腰、胸、肩到颈部，依次反复顺毛梳，用力要均匀，不要抓破皮肤，梳满一梳子时，取下羊绒，堆放在一边，继续按部位梳，直至一侧梳完。然后再梳另一侧。绒毛梳完后，根据天气情况，再剪长粗毛。

（十一）药浴

药浴是用杀虫剂药液对羊只体表进行洗浴。山羊每年夏天进行药浴，目的是防治羊体表寄生虫、虱、螨等。常用药有敌杀死、敌百虫、螨净、除癞灵等及其他杀虫剂。

1. 盆浴

盆浴的器具可用浴缸、木桶、水缸等，先按要求配制好浴液（水温在 30℃ 左右）。药浴时，最好由两人操作，一人抓住羊的两前肢，另一人抓住羊的两后肢，让羊腹部向上［图 1-16（a）］。除头部外，将羊体在药液中浸泡 2~3 分钟；药液泡不到的地方，可由第三人辅助，进行均匀药浴［图 1-16（b）］然后，将头部急速浸 2~3 次，每次 1~2 秒即可。

2. 池浴

此方法需在特设的药浴池里进行（图 1-17）。最常用的药浴池为水泥建筑的沟形池，进口处为一广场，羊群药浴前集中在这里等候。由广场通过一狭道至浴池，使羊缓缓进入（图 1-18）。浴池进口做成斜坡，羊由此滑入，慢慢通过浴池。池深 1 米多，长 10 米，池底宽

（a）两人操作，腹部朝上

（b）均匀药浴

图1-16 盆浴药浴

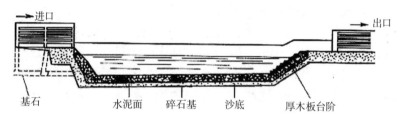

图1-17 羊药浴池纵剖面图

图1-18 药浴池药浴

30~60厘米，上宽60~100厘米，羊只能通过而不能转身即可。药浴时，人站在浴池两边，用压扶杆控制羊，勿使其漂浮或沉没。羊群浴后应在出口处（出口处为一倾向浴池的斜面）稍作停留，使羊身上流下的药液可回流到池中。

3．淋浴

在特设的淋浴场进行，优点是容浴量大、速度快、比较安全。淋浴前先清洗好淋浴场，并检查确保机械运转正常即可试淋。淋浴时，把羊群赶入淋浴场，开动水泵喷淋。经3分钟左右，全部羊只都淋透全身后关闭水泵。将淋过的羊赶入滤液栏中，经3~5分钟后放出。池浴和淋浴适用于有条件的羊场和大的专业户；盆浴则适于养羊少，羊群不大的养羊户使用。

羊只药浴时应注意以下几点。

① 药浴应选择晴朗无大风天气，药浴前8小时停止放牧或喂料，药浴前2~3小时给羊饮足水，以免药浴时吞饮药液。

② 先浴健康的羊，后浴有皮肤病的羊。

③ 药浴完，羊离开滴流台或滤液栏后，应放入晾棚或宽敞的羊舍内，免受日光照射，过6~8小时后可以喂饮或放牧。

④ 妊娠2个月以上的母羊不进行药浴，可在产后一次性皮下注射阿维速克长效注射液进行防治，安全、方便、疗效高，杀螨驱虫效果显著，保护期长达110天以上。

⑤ 工作人员应带好口罩和橡皮手套，以防中毒。

⑥ 对病羊或有外伤的羊，以及妊娠2个月以上的母羊，可暂时不药浴。

⑦ 药浴后让羊只在回流台停留5分钟左右，将身上余药滴回药池。然后赶到阴凉处休息1~2小时，并在附近放牧。

⑧ 当天晚上，应派人值班，对出现有个别中毒症状的羊只及时救治。

（十二）驱虫

羊的寄生虫病较常见，患病羊往往食欲降低，生长缓慢，消瘦，毛皮质量下降，抵抗力减弱，重者甚至死亡，给养羊业带来严重的经济损失。为了防止体内寄生虫病的蔓延，每年春秋两季要进行驱虫。驱虫后1~3天内，要安置羊群在指定羊舍和牧地放牧，防止寄生虫及其虫卵污染羊舍和干净牧地。3~4天后即可转移到一般羊舍和草场。

常用的驱虫药物有四咪唑、驱虫净、丙硫咪唑、伊维菌素、阿维菌素等（图1-19）。丙硫咪唑是一种广谱、低毒、高效的驱虫药，每千克体重的剂量为 15 毫克，对线虫、吸虫、绦虫等都有较好的治疗效果。为防止寄生虫病的发生，平时应加强对羊群的饲养管理。注意草料卫生，饮水清洁，避免在低洼或有死水的牧地放牧。同时结合改善牧地排水，用化学及生物学方法消灭中间宿主。多数寄生虫卵随粪便排出，故对粪便要发酵处理。

图 1-19　尾部皮下注射伊维菌素

（十三）给药

1. 口服给药法

（1）混饲给药　将药物均匀混入饲料中，让羊吃料时能同时吃进药物。此法简便易行，适用于长期投药，不溶于水的药物用此法更为恰当。应用此法时要注意药物与饲料的混合必须均匀，并应准确掌握饲料中药物所占的比例。为保证均匀混合，可先把所需药物混入少量饲料中（图 1-20），然后把这些饲料再混入全部饲料中，用铁锨反复拌匀（图 1-21）。有些药适口性差，混饲给药时要少添多喂。

图1-20　把药物拌入少量饲料中

图1-21　大堆饲料反复掺拌

（2）混水给药　将药物溶解于水中，让羊只自由饮用（图1-22）。有些疫苗也可用此法投服。对患病不能进食但还能饮水的羊，此法尤其适用。采用此法须注意根据羊可能饮水的量，来计算药量与药液浓度。在给药前，一般应停止饮水半天，以保证每只羊都能饮到一定量的水。所用药物应易溶于水。有些药物在水中时间长了破坏变质，此时应限时饮用药液，以防止药物失效。

（3）长颈瓶给药法　当给羊灌服稀药液时，可将药液倒入细口长颈的玻璃瓶、塑料瓶或一般的酒瓶中，抬高羊的嘴巴，给药者右手拿药瓶，左手用食、中二指自羊右口角伸入口内，轻轻压迫舌头，羊口即张开；然后，右手将药瓶口从左口角伸入羊口中，并将左手抽出，待瓶口伸到舌头中段，即抬高瓶底，将药液灌入（图1-23）。

图1-22　药物混水

图1-23　长颈瓶给药

（4）药板给药法　专用于给羊服用舔剂。舔剂不流动，在口腔中不会向咽部滑动，因而不致发生误咽。给药时，用竹制或木制的药板。

给药者站在羊的右侧，左手将开口器放入羊口中，右手持药板，用药板前部刮取药物，从右口角伸入口内到达舌根部，将药板翻转，轻轻按压，并向后抽出，把药抹在舌根部，待羊下咽后，再抹第二次，如此反复进行，直到把药给完。

2. 胃管给药法

（1）经鼻腔插入　先将胃管插入鼻孔，沿下鼻道慢慢送入，到达咽部时，有阻挡感觉，待羊进行吞咽动作时趁机送入食道，如不吞咽，可轻轻来回抽动胃管，诱发吞咽。胃管通过咽部后，如进入食道，继续深送会感到稍有阻力，这时要向胃管内用力吹气，如见左侧颈沟有起伏，表示胃管已进入食道。如胃管误入气管，多数羊会表现不安、咳嗽，继续深送，毫无阻力，向胃管吹气，左侧颈沟看不到波动，用手在左侧颈沟胸腔入口处摸不到胃管，同时胃管末端有与呼吸一致的气流出现。此时应将胃管抽出，重新插入。如胃管已入食道，继续深送，即可到达胃内，此时从胃管内排出酸臭气味，将胃管放低时则流出胃内容物。

（2）经口腔插入　先装好木质开口器，用绳固定在羊头部，将胃管通过木质开口器的中间孔，沿上颚直插入咽部，借吞咽动作胃管可顺利进入食道，继续深送，胃管即可到达胃内。胃管插入正确后，即可接上漏斗灌药。药液灌完后，再灌少量清水，然后取掉漏斗，往胃管内吹气，使胃管内残留的液体完全入胃，然后折叠胃管，慢慢抽出。该法适用于灌服大量水剂及有刺激性的药液。患有咽炎、咽喉炎和咳嗽严重的病羊，不可用胃管灌药。

技能训练

羊的编号、断尾、去势和剪毛。

【目的要求】学会羊的编号、断尾、去势和剪毛等管理技术，为参加养羊业生产实践奠定基础。

【训练条件】工作服、耳号钳、断尾钳、断尾铲、橡皮筋、断尾板、去势钳、手术刀、羊毛剪、电剪、消毒药、毛巾等。

【考核标准】

1. 器械准备充分。

2. 各种操作前，正确叙述操作程序。

3. 手法熟练，操作规范。

思考与练习

1. 羊饲养员有哪些职责? 应具备哪些基本素质?

2. 如何测量羊体温?

3. 怎样进行捉羊与倒羊?

4. 怎样根据羊的牙齿判断年龄?

5. 如何对羊进行药浴和驱虫?

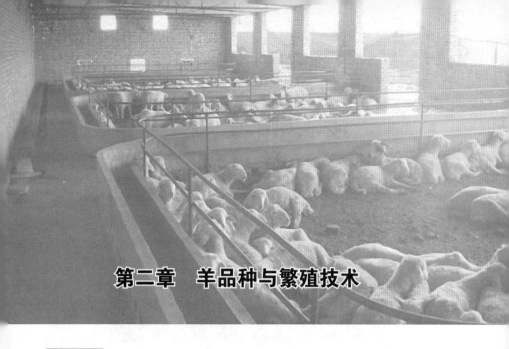

第二章 羊品种与繁殖技术

知识目标

1.了解常见的地方绵羊品种、地方山羊品种、世界著名肉用羊品种的品种特性和生产性能。

2.理解并掌握羊的各种生活习性。

3.掌握母羊的发情、性成熟、初配年龄、配种时间。

技能要求

1.掌握母羊的配种方法。

2.熟练掌握羊的人工授精技术。

第一节 羊品种

一、地方绵羊品种

1.小尾寒羊

小尾寒羊(图2-1)是我国古老的优良地方绵羊品种,原产于山东的菏泽、济宁地区,河南的新乡、开封地区以及河北南部、江苏北部和安徽淮北等地，其中以山东鲁西南地区小尾寒羊的品质最优，数量最多。

图 2-1　小尾寒羊

小尾寒羊头略长，体质结实，耳大下垂，四肢较长，身躯高大，前后躯发育匀称，鼻梁隆起，公母羊均有角，公羊有呈螺旋状大角，母羊多数有小角，前胸较深，背腰平直，四肢粗壮，蹄质坚实，小脂尾呈椭圆形，下端有纵沟，一般在飞节以上，被毛白色，允许头、肢有黑褐色斑点、斑块。成熟早、早期生长发育快，体格高大，肉质好，繁殖力高，遗传性稳定。

成年公母羊体重分别为 94.15 千克和 48.75 千克，公母羔断奶重分别为 20.84 千克和 17.23 千克，6 月龄公羔可达 38.17 千克，母羔可达 37.75 千克，周岁公羊体重为 60.38 千克，周岁母羊为 41.33 千克。3月龄羔羊胴体重 8.49 千克，净肉重 6.58 千克，屠宰率 50.6%，净肉率 39.21%；周岁公羊胴体重 40.48 千克，净肉重 33.41 千克，屠宰率和净肉率分别为 55.6% 和 45.89%。该品种性成熟早，母羊一年四季发情，通常是两年三胎，也有一年两胎，每胎产双羔、三羔者屡见不鲜，产羔率平均 265%~287%。

小尾寒羊是具有高繁殖力的绵羊品种之一，该品种适应性广，抗逆性强，与各地绵羊杂交均能显著地提高产羔率，是我国发展羊生产或引用良种羊品种杂交培育羊新品种的优良母本。

2. 阿勒泰大尾羊

阿勒泰大尾羊（图2-2）的历史悠久，是哈萨克羊中分化出来的一个优良类群，主要分布于新疆维吾尔自治区北部的福海、富蕴、青河等县，阿勒泰大尾羊羔羊生长发育快，适应终年放牧条件，属于脂臀羊，以体格大、肉脂生产性能高而著称。

图2-2 阿勒泰大尾羊

阿勒泰大尾羊头体质结实。头中等大，耳大下垂，鼻梁隆起，公羊一般具有较大的螺旋形角，母羊中2/3有角。颈中等长，胸宽深，鬐甲平宽，背平直，肌肉发育良好。四肢高而结实，股部肌肉丰满，肢势端正，蹄小坚实，在尾椎周围沉积大量脂肪而形成"臀脂"，大尾外面覆有短而密的毛，内侧无毛，下缘正中有一浅沟将其分成对称的两半。母羊的乳房大而发育良好。毛色主要为棕褐色，部分个体为花色，纯白、纯黑者少。

4个月龄公羔体重为38.9千克，母羔为36.7千克；1.5岁公羊为70千克，母羊为55千克；成年公羊平均体重为92.98千克，母羊为67.56千克；在纯放牧条件下，5月龄的去势羔羊能达36千克。肉用性能很好，胴体重平均为39.5千克，屠宰率为52.88%。臀位部沉积脂肪的能力很强，成年去势羊的尾脂平均重7.2千克，脂臀占胴体重的

17.97%。产羔率110.3%。阿勒泰羊春、秋各剪毛一次，剪毛量平均成年公羊为2千克，母羊为1.5千克。利用阿勒泰大尾羊成熟早、肉质性能好的特点，杂交生产肥羔羊。

3. 乌珠穆沁羊

乌珠穆沁羊（图2-3）是蒙古羊中分化出的一个优良类群，产于内蒙古自治区锡林郭勒盟东部乌珠穆沁草原，乌珠穆沁羊肉水分含量低，富含钙、铁、磷等矿物质，肌原纤维和肌纤维间脂肪沉淀充分。乌珠穆沁羊具有生长发育快、成熟早、肉质细嫩等优点，适用于肥羔生产。

图2-3　乌珠穆沁羊

乌珠穆沁羊体质结实，体格较大。头大小中等，额稍宽，鼻梁微凸，公羊有角或无角，母羊多无角。颈中等长，体躯宽而深，胸围较大，不同性别和年龄羊的体躯指数都在130%以上，背腰宽平，体躯较长，体长指数大于105%，后躯发育良好，肉用体型比较明显。四肢粗壮。尾肥大，尾宽稍大于尾长，尾中部有一纵沟，稍向上弯曲。毛色以黑头羊居多，头或颈部黑色者约占62.0%，全身白色者占10.0%。

乌珠穆沁羊生长发育较快，3月龄公、母羔羊平均体重为29.5千克和24.9千克；6个月龄的公、母羔羊平均体重为39.6千克和35.9千克；周岁公羊为53.8千克，母羊为46.7千克；成年公羊74.4千克，成年母羊为58.4千克；在放牧条件下，6月龄的羔羊，平均体重可达35千克，平均胴体重为17.9千克，屠宰率50%，平均净肉重11.80千克，净肉率为33%；成年羯羊宰前体重60千克，胴体重平均为32.2

千克，屠宰率为53.5%，净肉重平均22.5千克，净肉率37.4%；产羔率仅为100%。

乌珠穆沁羊适于终年放牧饲养，适于利用牧草生长旺期，开展放牧育肥或有计划的肥羔生产。乌珠穆沁羊是做纯种繁育胚胎移植的良好受体羊，后代羔羊体质结实抗病能力强，适应性较好。

4. 湖羊

湖羊（图2-4）是我国著名的优良绵羊品种，是太湖平原重要的家畜之一，产于浙江西部、江苏南部的太湖流域地区。湖羊具有成熟早、繁殖率强、早期生长快、耐湿热、产品利用价值高等优良特性，产后当日宰剥的小湖羊皮花纹美观，著称于世。湖羊和小尾寒羊同属于肉皮兼用型绵羊，优良的生产性能大致相同。与其他绵羊品种相比而言，湖羊是世界上唯独产白色羔羊皮品种，既能适应北方干燥寒冷又能适应江南炎热潮湿的环境。

图2-4 湖羊

湖羊体质结实，体格中等，具短脂尾型特征，公、母羊均无角，头狭长，鼻梁隆起，多数耳大下垂，颈细长，体躯狭长，背腰平直，腹微下垂，脂尾扁圆，不超过飞节，尾尖上翘，四肢偏细而高。被毛洁白，腹毛粗、稀而短。

羔羊生长发育快，3月龄断奶公羔和母羔的平均体重为22千克和19千克；周岁公、母羊体重分别为35千克和26千克；成年公羊体重为49千克，母羊37千克。屠宰率50%左右，净肉率38%左右。母羊终年繁殖。在正常情况下，母羊4~5月龄性成熟，成年母羊可四季发情配种，但多集中在春末或秋初时节，可两年产3胎或一年产2胎，每胎产羔2~3只，年产羔率为230%~270%。成年羊每年春、秋剪毛两次。

湖羊肉质好，是我国著名的白色羔皮羊品种，在杂交改良中通常作为发展羊皮生产、羔羊肉生产和培育羊新品种的母本。

5. 同羊

陕西同羊（图2-5）是我国优良的绵羊品种之一，属于肉毛兼用脂尾半细毛地方绵羊品种。产于陕西渭南、咸阳地区。同羊的被毛柔细、肉质细嫩、羔皮洁白、花穗美观，具有珍珠样弯曲，并以硕大的脂尾著称。同羊的肉质鲜美，肥而不腻，肉味不膻，是羊肉消费市场中的主要产品之一。

图2-5 同羊

同羊有"耳茧、尾扇、角栗、肋筋"四大外貌特征。耳大而薄（形如茧壳），向下倾斜。公、母羊均无角，部分公羊有栗状角痕。颈较长，部分个体颈下有一对肉垂。胸部较宽深，肋骨细如筋，拱张良好。背部公羊微凹，母羊短直较宽，腹部圆大。尾大如扇，按其长度是否超过飞节，可分为长脂尾和短脂尾两大类型，90%以上为短脂尾。全身被毛洁白，中心产区59%的羊只产同质毛和基本同质毛，其他地区同质毛羊只较少。腹毛着生不良，多由刺毛覆盖。

周岁公、母羊平均体重为33.10千克和29.14千克；成年公、母羊体重为44.0千克和36.2千克。成年羯羊屠宰率为57.6%，净肉率41.1%，尾脂重占活重的8.5%；剪毛量成年公、母羊为1.40千克和1.20千克；周岁公、母羊羊毛长度均在9.0厘米以上。净毛率平均为55.35%。6~7月龄达到性成熟，1.5岁配种。全年可多次发情和配种，一般为2年3胎，但产羔率仅为100%。

同羊既可舍饲，又能放牧，放牧游走性能好，抗逆性颇强，即使在冬、春季灌丛草场草生状况不良、缺乏补饲的情况下，仍能正常妊娠和产羔。同羊的遗传性稳定和适应性强，是多种优良遗传特性结合于一体的独特绵羊品种，也是发展羊生产与培育羊新品种的优良种质资源。

6.蒙古羊

蒙古羊（图2-6）原产于蒙古高原，在我国主要分布在内蒙古自治区，在东北、华北、西北地区也有相当数量的分布。其中内蒙古自治区约占总数的50%，甘肃占30%，其余分布于新疆维吾尔自治区、青海、山西、河北等地及东北各省。具有生命力强、善游牧、耐旱、耐寒等特点，并具有较好的产肉脂性能，分布广，数量多，是我国三大粗毛绵羊品种之一。

图2-6 蒙古羊公羊（左）、母羊（右）

蒙古高原自古为我国北方游牧民族聚居之地，绵羊是他们饲养的主要畜种之一。早在新石器时代的游牧部族，即以牧羊为主要的生活和生产。公元1206年左右，成吉思汗建立蒙古汗国后，才把饲养的绵羊通称为蒙古羊。

蒙古羊自古在草原环境里繁衍生息，内蒙古自治区草场自东北向西南，由森林草原演变为草甸，形成了典型荒漠草原和荒漠。草甸草原牧草茂密，以禾本科牧草为主，质量中等，产量高。中部典型草原区，菊科和豆科牧草增加，产量虽低，但质量较高。西部荒漠草原和荒漠地区植被稀疏，质量粗劣，以富含灰分的盐生灌木和半灌木为主，牧草有红纱、梭梭、珍珠柴等。蒙古羊就是在这种特定的生态条件下，经各地牧民精心选育而成的地方品种。

蒙古羊体质结实，骨骼健壮。头形略显狭长，鼻梁隆起，耳大下垂。公羊大多有角，母羊多数无角或有小角。颈长短适中，胸深，肋骨不够开张，背腰平直，体躯稍长，四肢强健。短脂尾，尾尖卷曲呈"S"形，尾长大于尾宽。体躯毛被多为白色，头、颈与四肢则多有黑色或褐色斑块，全身纯白的数量不多（图2-6）。

蒙古羊属粗毛羊，毛被为异质毛，由粗毛、两型毛和绒毛组成，另外还有少量的干死毛。一般于春秋季2次剪毛。全年剪毛量成年公羊为1.5~2.2千克，成年母羊为1~1.8千克。其中春季所剪的春毛质量好，毛长6.5~7.5厘米，剪毛量也高。

蒙古羊的产肉性能较好，据1981年苏尼特左旗家畜改良站测定，成年羯羊宰前体重为67.6千克，胴体重36.8千克，屠宰率为54.3%，净肉重为27.5千克，净肉率为40.7%，肉脂重4.4千克，尾脂重3.1千克。1.5岁羯羊相应指数分别为51.6千克，26.2千克，50.6%，19.5千克，37.7%，2.1千克和2.2千克。6月龄羯羔相应指数分别为35.2千克，16.3千克，46.31%，12.2千克，34.66%，1.9千克和1.4千克。

蒙古羊的年产1胎，有胎1羔，双羔者很少，产羔率为105%左右。

蒙古羊具有生命力强、善游牧、耐旱、耐寒等特点，并具有较好的产肉脂性能，分布广，数量多，是我国绵羊的主要基础品种。在育成新疆细毛羊、东北细毛羊、内蒙古细毛羊、山西细毛羊及中国卡拉库尔羊过程中起过重要作用。蒙古羊今后有3个发展方向：一是进行本品种选育，改善毛被品质，向地毯用毛方向发展；二是本品种选育和引入外血相结合，向肉用方向发展，培育出耐粗饲、产肉性能好的肉用羊品种；三是在细毛、半细毛区，通过改良，向毛用方向发展。

二、地方山羊品种

1. 南江黄羊

南江黄羊（图2-7）是经过长期选育而成的肉用型山羊品种，产于四川省南江县。南江黄羊不仅具有性成熟早、生长发育快、繁殖力高、产肉性能好、适应性强、耐粗饲、遗传性稳定的特点，而且肉质细嫩、适口性好、板皮品质优。南江黄羊适宜于在农区、山区饲养。

图2-7 南江黄羊

南江黄羊头大适中，而大且长，鼻微拱，公母羊分为有角和无角两种类型，有角占61.5%，无角占38.5%；被毛黄色，毛短而富有光泽，面部毛色黄黑，鼻梁两侧有一对称的浅色条纹，公羊颈部及前胸着生黑黄色粗长被毛，自枕部沿背脊有一条黑色毛带，十字部后渐浅；体躯略呈圆桶形，颈长度适中，前胸深广、肋骨开张，背腰平直，四肢粗壮。

南江黄羊生长发育快，平均初生公羔重2.3千克，母羔2.1千克；6月龄公羔体重27.4千克，母羔21.8千克；周岁公羊体重37.6千克，母羊30.5千克；成年公羊体重66.9千克，母羊45.6千克。南江黄羊8月龄羯羊平均胴体重为10.78千克，周岁羯羊平均胴体重15千克，屠宰率为49%，净肉率38%。南江黄羊性成熟早，繁殖力高。3～5月龄初次发情，母羊6～8月龄体重达25千克开始配种，公羊12～18月龄体重达35千克参加配种。成年母羊四季发情，发情周期平均为19.5天，妊娠期 148 天，母羊年产两胎，部分 2 年 3 胎，产羔率 200% 以上。

南江黄羊特别适合我国南方各地饲养，该品种已被推广到 10 个多省市，对各地山羊品种的改良效果显著。

2. 马头山羊

马头山羊（图 2-8）是我国肉皮兼用的地方优良品种之一，产于湖北省十堰、恩施等地区和湖南省常德、黔阳等地区。马头山羊体型、体重、初生重等指标在国内地方品种中荣居前列，是国内山羊地方品种中生长速度较快、体型较大、肉用性能最好的品种之一。

图 2-8 马头山羊

马头山羊体质结实，结构匀称，性情迟钝，俗称"懒羊"。被毛白色为主，有少量黑色和麻色，毛短贴身，富有光泽；头较长，大小中等，形似马头，公、母羊均无角；耳向前略下垂，下颌有髯，颈下多有两个肉垂；前胸发达，背腰平直，后躯发育良好，四肢端正，蹄质坚实；公羊 4 月龄后额顶部长出长毛（雄性特征），并渐伸长，可遮至眼眶上缘，长久不脱；母羊乳房发育良好。

马头山羊早期生长发育快，育肥性能好，2 月龄断奶的羯羊在放牧和补饲的条件下，7 月龄时体重可达 23.3 千克，胴体重 10.5 千克，屠宰率 52.3%；成年公羊平均体重 44 千克，去势羊为 47 千克，成年母羊 34 千克；全年放牧条件下，成年去势羊屠宰率为 62.6%。马头山羊的板皮张幅大，弹性好，质量上乘，每张板皮可分 4~5 层，一张皮可取烫褪毛 0.3~0.5 千克，是优等的笔料毛。该品种性成熟早，一

般 4~5 月龄性成熟，初配年龄为 10 月龄，母羊常年发情，以 3—4 月和
9—10 月发情旺盛，一般一年两胎或两年三胎，多产双羔，每胎产羔率
为 190%~200%。

马头山羊具有体型大，体质结实，繁殖力强，屠宰率和净肉率高，
肉质细嫩，膻味小等特点。适合南方山区养殖。

3. 黄淮山羊

黄淮山羊（图 2-9）因广泛分布在黄淮流域而得名，饲养历史悠
久，属皮肉兼用的地方优良山羊品种，主要产于河南省周口、商丘地
区、安徽省和江苏省徐州地区。黄淮山羊具有性成熟早，生长发育快，
四季发情，繁殖率高等优点，黄淮山羊板皮品质优良，主要用于出口。

图 2-9　黄淮山羊

黄淮山羊体质结实，骨骼较细，性情活泼，行动敏捷，素有"猴
样"之称。鼻梁平直，面部微凹，下颌有髯。分有角和无角两个类型，
有角者，公羊角粗大，母羊角细小，向上向后伸展呈镰刀状；无角者，
仅有 0.5~1.5 厘米的角基。颈中等长，胸较深，肋骨拱张良好，背腰
平直，体躯呈桶形。种公羊体格高大，四肢强壮。母羊乳房发育良好、
呈半圆形。毛被白色，毛短有丝光，绒毛很少。

黄淮山羊早期生长发育快，9 月龄公羊平均体重为 22 千克，母羊
为 16 千克；周岁羊的体重可达成年羊体重的 80%，成年公羊体重为
34 千克，母羊为 26 千克，屠宰率 50% 左右，产区习惯于当年生羔羊

当年屠宰，肉质鲜嫩，膻味小。黄淮山羊性成熟早，一般3月龄性成熟，4~5月龄即可配种，繁殖率高，母羊常年发情，部分母羊一年两产或两年三产，每胎平均产羔率为238.7%。

黄淮山羊对不同生态环境有较强的适应性，其板质质量优良，呈蜡黄色，细致柔软，油润光亮，弹性好，是优良的制革原料。缺点是个体较小，通过与肉用山羊杂交，加强饲养管理，可提高黄淮山羊的产肉性能和屠宰率。

4. 陕南白山羊

陕南白山羊（图2-10）产于陕西南部地区，分布于汉江两岸的安康、紫阳、旬阳、白河、西乡、镇巴、平利、洛南、山阳、镇安等县。具有早熟、抓膘能力强，产肉力好的特点。

图2-10 陕南白山羊公羊（左）、母羊（右）

陕南白山羊头大小适中，鼻梁平直。颈短而宽厚。胸部发达，肋骨拱张良好，背腰长而平直，腹围大而紧凑。四肢粗壮。尾短小上翘。毛被以白色为主，少数为黑、褐或杂色。陕南白山羊分短毛和长毛两个类型。短毛型又分为有角和无角两个类型。

陕南白山羊成年公羊平均体重为33.0千克，成年母羊为27.3千克。产肉性能6个月龄的羯羊屠宰前体重平均为22.17千克，胴体重为10.10千克，屠宰率为45.56%；1岁半的羯羊屠宰前平均体重为35.27千克，胴体重为17.84千克，屠宰率50.58%。

陕南白山羊性成熟早，母羊初配年龄在8~12月龄。发情多集中在5~10月，繁殖率强，产羔率为259%。

陕南白山羊皮板品质好，致密富弹性，拉力强，面积大，是良好的制革原料。陕南白山羊中的长毛型羊每年 3—5 月和 9—10 月各剪毛一次，不抓绒。成年公羊剪毛量平均为（320±60 克），成年母羊平均为（280±70 克）。山羊胡须和羊毛是制毛笔和排刷的原料。

　　5. 成都麻羊

　　成都麻羊（图 2–11）分布于四川成都平原及其附近丘陵地区，目前引入到河南、湖南等省，具有生长发育快、早熟、繁殖力高、适应性强、耐湿热、耐粗放饲养、遗传性能稳定等特性，尤以肉质细嫩、味道鲜美、无膻味及板皮面积大、质地优为显著特点。

图 2–11　成都麻羊公羊（左）、母羊（右）

　　成都麻羊头中等大小，两耳侧伸，额宽而微突，鼻梁平直，颈长短适中，背腰宽平，屁部倾斜，四肢粗壮，蹄质坚实。体格较小、全身被毛呈棕黄色，色泽光亮，为短毛型，腹下浅褐色，两颊各具一浅灰色条纹。有黑色背脊线。肩部亦有黑纹沿肩胛两侧下伸。四肢及腹部毛长。

　　成年公羊 43.02 千克，母羊 32.6 千克；周岁羯羊胴体重 12.15 千克，净肉重 9.21 千克，屠宰率 49.66%，净肉率 75.8%；成年羯羊上述指标相应为 20.54 千克、16.25 千克、54.34% 和 79.1%。

　　成都麻羊一般公羔在 8~10 月龄、母羔 8 月龄以上，即体重达成年羊体重 80% 左右可开始配种，常年发情，每年产两胎，妊娠期142~145 天，一产的产羔率为 205.91%。

　　成都麻羊具有肉、乳生产性能良好、板皮品质亦好、繁殖力强、遗传性稳定等特点，是我国优良的地方山羊品种。积极开展本品种选育，逐步制定选育标准，进一步提高其乳肉生产性能。

6. 雷州山羊

雷州山羊（图 2-12）产于广东省雷州半岛和海南省，以产肉、板皮而著名的地方山羊品种。具有成熟早，生长发育快，肉质和板皮品质好，繁殖率高，是我国热带地区的优良山羊品种。

雷州山羊体质结实。雷州山羊面直，额稍凸，公、母养均有角，公羊角粗大，角尖向后方弯曲，并向两侧开张，耳中等大，向两边竖立开张，颌下有髯。公羊颈粗，母羊颈细长，颈前与头部相连处角狭，颈后与胸部相连处逐渐增大。背腰平直，乳房发育良好，多呈球形。毛色多为黑色，角蹄则为褐黑色，也有少数为麻色及褐色。麻色山羊除被毛黄色外，背浅、尾及四肢前端多为黑色或黑黄色，也有在面部有黑白纵条纹相间，或腹部及四肢后部呈白色的。

图 2-12　雷州山羊公羊（左）、母羊（右）

雷州山羊体重，成年公羊平均为 54.1 千克，母羊平均为 47.7 千克，屠宰率为 50%~60%，肉味鲜美，纤维细嫩，脂肪分布均匀，膻味小。雷州山羊板皮，具有皮质致密、轻便、弹性好、皮张大的特点，熟制后可染成各种颜色。

性成熟早，4 月龄即可性成熟，11~12 月龄即可初配，产羔率为 150%~200%。根据体型将雷州山羊分为高脚种和矮脚种两个类型。矮脚种多产双羔；高脚种多产单羔。

雷州山羊成熟早、发育快，肉质和皮板品质好，繁殖力强，是我国热带地区优良地方山羊品种。今后应加强本品种选育，改善饲养管理条件，提高产肉、产奶性能。

7. 贵州白山羊

贵州白山羊（图2-13）原产于黔东北乌江中下游的沿河、思南、务川等县，分布在贵州遵义、铜仁两地，黔东南苗族侗族自治州、黔南布依族苗族自治州也有分布。具有产肉性能好，繁殖力强，板皮质量好等特性。

贵州白山羊是一个古老的山羊品种。在汉代以前，饲养山羊已成为当地的主要家畜，产区群众长期以来就有喜食羊肉的习惯，在当地生态经济环境影响下，经劳动群众长期选育形成了产肉性能好的优良地方山羊品种。

公母羊均有角，角向同侧后上方扭曲生长；有须，腿较短，背宽平，体躯较长、大、丰满，后躯发育良好；头宽额平，颈部较圆，部分母羊颈下有一对肉垂，胸深，背宽平，体躯呈圆桶状，体长，四肢较矮。毛被以白色为主，其次为麻、黑、花色，毛被较短。少数羊鼻、脸、耳部皮肤上有灰褐色斑点。

图2-13 贵州白山羊公羊（左）、母羊（右）

贵州白山羊周岁公羊体重平均为19.6千克，周岁母羊为18.3千克；成年公羊体重32.8千克，成年母羊为30.8千克。周岁羯羊平均活重24.11千克，胴体重11.45千克，净肉重8.83千克，屠宰率47.49%，净肉率为36.6%。成年羯羊的上述指标相应为47.53千克，23.36千克，19.02 千克，48.93% 和 40.02%。

贵州白山羊性成熟早，公、母羔在 5 月龄即可发情配种，但一般在 7~8 月龄才配种。常年发情，一年产两胎，从 1~7 胎（4 岁左右）产羔率逐渐上升，为 124.27%~180%，品种平均产羔率 273.6%，年繁殖存活率为 243.19%。

8. 济宁青山羊

济宁青山羊（图 2-14）产于山东省西南部。体格小，结构匀称。头大小适中，有旋毛和淡青色白章，公、母羊均有角，公羊角一般长 17 厘米左右，向上略向后方伸展，母羊角细短，长 12 厘米左右，向上略向外伸展两耳向前外方伸展，公、母羊颌下有髯。公羊颈粗短，前胸发达，背腰平直，四肢粗壮，前肢比后肢略高；母羊颈细长，前胸略窄，后躯宽深，背腰平直，腹围大，后肢比前肢略高。公、母尾小，向上前方翘起。其外形颜色特征是"四青一黑"，即背、嘴唇、角和蹄均为青色，两前膝为黑色。按照毛被的长短和粗细，可分为 4 个类型，即细长毛（毛长在 10 厘米以上者）、细短毛、粗长毛、粗短毛。其中以细长毛者为多数，且品质较好。初生的羔羊毛被具有波浪形花纹、流水形花纹、隐暗花纹和片花纹。

图 2-14 济宁青山羊

济宁青山羊成年公羊平均体高、体长、胸围和体重分别为：（59.14 ± 0.01）厘米，（60.79 ± 0.60）厘米，（74.86 ± 0.01）厘米，（28.76 ± 2.84）千克，成年母羊分别为：（54.26 ± 2.48）厘米，（59.52 ± 4.02）厘米，（71.09 ± 4.56）厘米，（23.13 ± 4.81）千克。青猾子皮是济宁青山羊的

主要产品,是羔羊生后1~3天宰剥的羔皮。毛皮毛由黑、白二色毛组成。毛被毛色分正青色、铁青色、粉青色。毛被中黑色毛含量在30%~50%者属正青色;含量在50%以上者属铁青色;含量在30%以下者为粉青色。两种毛的长度比也影响毛色的色度。毛皮的花形可分为波浪状、流水状、片花和隐暗花四种。毛直无弯曲者称为平毛。济宁青山羊每年剪毛一次,每只公羊平均剪粗毛230~330克,母羊平均为150~250克。济宁青山羊性成熟早,繁殖率高,遗传性稳定,适应性强,耐粗饲,性情温驯易管理。

9. 沂蒙黑山羊

沂蒙黑山羊(图2-15)产于山东沂蒙山地区,是山东省地方优良黑山羊品种,是在山区自然条件下形成的一个肉、绒、毛、皮多用型品种,属绒、毛、肉兼用型羊。沂蒙黑山羊具有体格大、耐粗饲、适应性强、生产性能高、体貌统一、遗传性能稳定、肉绒兼用等特点,适宜山区放牧。其羊绒质量高、光泽好、强度大、手感柔软;其肉质色泽鲜红、细嫩、味道鲜美、膻味小,是理想的高蛋白、低脂肪、富含多种氨基酸的营养保健食品。

图2-15 沂蒙黑山羊

沂蒙黑山羊共有"花迷子""火眼子""二粉子"和"秃头"四个品系。主要特点是头短、额宽、眼大、角长而弯曲(95%以上的羊有角)。颌下有胡须,背腰平直,胸深肋圆,体躯粗壮,四肢健壮有力,耐粗抗病,合群性强。该羊生长在沂蒙山区海拔较高的突出地带蒙山、鲁山及沂、沭河上游。那里气候温和,雨量充沛,树木、水草茂盛,饲料资源丰富。该山羊灵敏活泼、喜高燥，爱洁净，抗病力强，耐粗饲，适应性强，爱吃吊草，善于爬山，常年放牧，素有"山羊猴子"之称。它善于爬山，能在高山悬崖陡壁上放牧采食；喜高燥，爱干净，不吃污染饲草。

三、世界著名肉用羊品种

1. 无角陶赛特羊

无角陶赛特羊（图 2-16）是世界著名的肉用绵羊品种，属肉毛兼用的绵羊品种，原产于澳大利亚和新西兰。无角陶赛特羊推广地区广、适应性强，能够适应炎热、寒冷以及贫瘠的自然条件，发病率极低。

图 2-16　无角陶赛特羊

无角陶赛特羊体质结实紧凑，结构匀称，头短而宽，公母羊均无角，颈短、粗，胸宽深，肋骨开张良好，背腰平直，后躯发育充分，四肢粗、面部、四肢以及被毛为白色，无角陶赛特羊最明显辨认的特征是它的头顶部有毛发。

无角陶赛特羊产肉性能高，胴体品质好。4月龄羔羊胴体重可达22千克，屠宰率50%以上；无角陶赛特羊生长发育快，易育肥，抓膘快，周岁母羊已达到成年母羊的78.6%；成年公羊体重130千克，成年母羊体重95千克，净毛率60%左右。无角陶赛特羊全年均可发情，无角陶赛特羊的发情周期平均为 17 天，产后 2~4 个月可配种受孕，怀孕期平均为 143 天，全年产羔，平均产羔间隔为 174 天，头胎双羔率为 24.5%，二胎双羔率为 35.4%，三胎以上的双羔率为 47.8%，产羔率为 130%~180%。

在澳大利亚，无角陶赛特羊通常作为生产大型羔羊肉的父系品种；在新西兰，该品种羊用作生产反季节羊肉的专门化品种。我国新疆和内蒙古曾从澳大利亚引入该品种，该品种羊具有早熟，生长发育快，全年发情、耐热及适应干燥气候等特点。在我国新疆、内蒙古、黑龙江等寒冷地区，在河南、山东、陕西等炎热地区，无角陶赛特羊都能表现出较好的生产性能。

2. 夏洛莱羊

夏洛莱羊（图 2-17）产于法国中部的夏洛莱地区，是世界上最优秀的肉用绵羊品种之一。具有早熟，耐粗饲，采食能力强，肥育性能好等特点，能适应我国北方夏天炎热和冬天寒冷的气候条件，对干燥气候也能很好地适应。

图 2-17　夏洛莱羊

夏洛莱羊公母羊都无角，头部无毛，脸部呈粉红色或灰色，额宽，耳大直立，颈短粗。夏洛莱羊具有典型的肉用羊体型，体躯长、胸深、肩宽、臀厚，背腰平直，后躯丰满，肌肉发达，前后裆宽，呈倒 "U" 字形，四肢较短无毛，被毛细、密、短。

夏洛莱羊性情活泼好动，喜干燥，爱清洁，喜欢在较为开阔的自然环境中栖息和活动。夏洛莱羊生长速度快，4月龄育肥羔羊体重为40千克；周岁公羊体重达80千克，母羊体重60千克；成年公羊体重为130千克，母羊体重100千克；6月龄羔羊体重45千克，胴体重23千克，屠宰率50%，夏洛莱羊产肉性能好，胴体品质好，瘦肉率高，脂肪少。屠宰产品能达到一级或特级标准，常以做西餐为主。夏洛莱羊属季节性自然发情，发情时间集中在9—10月，平均受胎率为95%，妊娠期146天。夏洛莱羊公羊初配年龄为9~12月龄，母羊初配年龄为6~7月龄；夏洛莱羊公羊的配种使用年限为6~8年，母羊的配种使用年限为8~10年。夏洛莱羊产羔率可达190%；泌乳性能良好。

　　夏洛莱羊采食能力和消化能力强，能充分吸收各种饲草的营养，在我国适宜农户小规模散养和规模化养殖，最好半放牧半舍饲形式相结合。夏洛莱羊要求有良好的饲养环境和营养条件，饲草料要丰富，产肉性能才能得以最大限度发挥，目前我国多数省份均有饲养。

　　3. 萨福克羊

　　萨福克羊（图2-18）原产于英国，是世界上体格、体重最大的肉用绵羊品种，是世界公认的用于终端杂交的优良父本品种。目前，我国许多省均有饲养，一般用以改良当地品种，从事羊生产。

图2-18　萨福克羊

　　萨福克羊体格大，体质结实，结构轻盈，头短而宽，鼻梁隆起，耳大，头、颈、肩部位结合良好，体躯呈长筒状，背腰长而宽广平直，腹大而紧凑，后躯发育丰满，四肢健壮，蹄质结实；最明显的特征是公母羊都没有角，体躯白色，头和四肢为黑色。

萨福克羊生长发育快，早期增重显著，3月龄前日增重400~600克，成年公羊体重120千克，成年母羊83千克；产肉性能好，经肥育的4月龄公羔胴体重24.2千克，4月龄母羔为19.7千克，屠宰率50.7%；7月龄平均体重70.4千克，胴体重38.7千克，屠宰率54.9%，并且瘦肉率高，是生产大胴体和优质羔羊肉的理想品种。萨福克羊性成熟早，公羊睾丸发育良好，大小适中、左右对称；母羊乳房发育良好，柔软而有弹性。部分3~5月龄的公母羊有互相追逐、爬跨现象，4~5月龄有性行为，7月龄性成熟，一年内多次发情，产羔率141.7%~157.7%。萨福克羊早熟，生长快，肉质好，繁殖率很高，适应性很强。萨福克羊引入我国后，本身并不用于肉食，主要是作为种公羊进行杂交来提高羊品质，但是，由于萨福克羊的头和四肢为黑色，被毛中有黑色纤维，杂交后代多为杂色被毛，所以在细毛羊产区要慎重使用。

4. 特克塞尔羊

特克赛尔羊（图2-19）属肉毛兼用型品种，原产于荷兰。具有多胎、羔羊生长快、体大、产肉、产毛性能好和适应性强等特征，是国外肉脂绵羊名种之一，是羊育种和经济杂交非常优良的父本品种。

图2-19 特克赛尔羊

特克赛尔羊体形短且粗，头宽短，耳长大，公、母羊均无角，眼大突出，鼻镜、眼圈部位皮肤为黑色，被毛全白，头、四肢无毛覆盖，四蹄为黑色，体躯呈长圆桶状，颈短粗，肩宽平，胸宽深，背腰长而平，后躯发育好，肌肉充实。

特克赛尔羊体形较大，羔羊平均初生重为4.5千克，2月龄平均体重为24千克，4月龄平均体重为42千克，6月龄平均体重为55千克，成年公羊体重110千克，母羊85千克；4~6月龄羔羊出栏屠宰，平均屠宰率为55%~60%，瘦肉率、胴体出肉率高。母羊7~8月龄便可配种，且发情季节较长，80%的母羊产双羔，在良好的饲养条件下可两年三产，产羔率为200%。

特克赛尔羊对生活环境的适应性十分广泛，能忍耐干旱、半干旱的气候条件，不喜欢高湿高温环境，适合在–30~35℃的地区生长，具有较强的耐粗饲和抗病能力。另外特克赛尔羊肉质细嫩、多汁、色鲜、肥瘦适度。因此，特克赛尔羊的养殖前景十分广阔。

5.杜泊绵羊

杜泊绵羊是以肉用为主的肉皮兼用型绵羊，原产于南非干旱地区，因其抗热耐寒，适应区域广，早期生长发育快、胴体质量好，具有世界钻石级肉用绵羊的美称，主要用于羊肉生产，它能十分有效地满足羊肉生产各方面的要求。

杜泊羊分为白头和黑头两种（图2-20、图2-21），黑头杜泊羊头颈分黑白两色，体躯和四肢为白色；白头杜泊羊全身为白色。杜泊羊体格大，体质结实，肉用体型比较明显。杜泊羊母羊头稍窄而较长，

图2-20 白头杜泊羊

图2-21 黑头杜泊羊

公羊头稍宽，公羊和母羊都无角，额宽，鼻梁隆起，耳大稍垂；颈粗短，肩宽厚，背平直，肋骨拱圆，前胸丰满，后躯肌肉发达，四肢强健而长度适中。多数羊初春后有自然脱毛现象。

杜泊羊具有早期放牧能力，生长速度快，断奶体重大，以产肥羔肉见长，一般条件下，平均日增重 300 克。4 月龄羔羊，活重约达 36 千克，胴体重 16 千克左右，肉中脂肪分布均匀，胴体肉质细嫩、多汁、色鲜、瘦肉率高，为高品质胴体。虽然杜泊羊个体中等，但体躯丰满，体重较大。成年公羊和母羊的体重分别在 120 千克和 85 千克左右。杜泊羊公羊初配年龄为 9~12 月龄，母羊初配年龄为 7~8 月龄；杜泊羊公羊的配种使用年限为 5~8 年，母羊的配种使用年限为 6~9 年。杜泊羊繁殖期长，不受季节限制，通常 2 年 3 胎，一般产羔率能达到 150%。另外，杜泊羊板皮致密，表面光洁，皮质优良，是理想的制革原料。

杜泊羊具有良好的适应性，适合在 −30~35℃的地区饲养，在干旱和半干旱的条件下，热带、亚热带地区都能很好地适应。杜泊羊食草性强，抗逆性强，耐粗饲，对各种草不大挑剔，这一优势很有利于饲养管理，适合在我国广泛推广饲养。

6. 波尔山羊

波尔山羊（图 2-22）是世界上著名的生产高品质瘦肉的山羊，被称为世界"肉用山羊之王"，原产于南非干旱的亚热带地区。具有体型大，生长快；繁殖力强，产羔多；屠宰率高，产肉多；肉质细嫩，适

图 2-22　波尔山羊

口性好；耐粗饲，抗病力强和遗传性稳定等特点，作为终端父本能显著提高杂交后代的生长速度和产肉性能。

波尔山羊头颈粗壮，耳长而大，宽阔下垂；公母羊均有角，角坚实，长度中等；一般被毛较短，毛色有两种：一种是体躯被毛为白色，头颈为红褐色；另一种是全身被毛红褐色。肉用体型明显，肩宽肉厚，前躯发达，肌肉丰满，体躯深而宽阔，呈圆筒形；四肢端正，短而粗壮，蹄壳坚实，呈黑色；尾平直，尾根粗、上翘。

波尔山羊成熟早，初生重羔羊平均体重 4.2 千克，3 月龄公羔平均体重 29 千克，母羔体重 24 千克；9 月龄公羊体重达 60 千克，母羊体重达 55 千克；成年公羊、母羊的体重分别达 95 千克和 85 千克；屠宰率较高，平均为 48.3%，羔羊胴体重平均为 15 千克以上，羊肉脂肪含量适中，胴体品质好。波尔山羊是非季节性繁殖，母羊常年发情，公、母羊均为 6~7 月龄性成熟，公羊 8 月龄开始用于配种，产羔率为 200%，双羔率占 50% 以上，繁殖成活率为 153%。波尔山羊可维持生产价值至 7 岁，波尔山羊的板皮品质极佳，属上乘皮革原料。

波尔山羊的肉用性好，抗寄生虫侵袭能力和适应性很强，深受世界许多养羊国家的重视，在我国大部分省市均有饲养，主要用于改良本地山羊，取得了良好的效果，提高后代的生长速度和产肉性能，对培育肉用品种山羊起到重大作用，具有很好的推广利用价值。

第二节　羊的生活习性

一、合群性强

羊的群居行为很强，很容易建立起群体结构，主要通过视、听、嗅、触等感官活动，来传递和接受各种信息，以保持和调整群体成员之间的活动，头羊和群体内的优胜序列有助于维系此结构。在羊群中，通常是原来熟悉的羊只形成小群体，小群体再构成大群体。在自然群体中，羊群的头羊多是由年龄较大、子孙较多的母羊来担任，也可利用山羊行动敏捷、易于训练及记忆力好的特点选做头羊。应注意，经常掉队的羊，往往不是因病，就是老弱跟不上群。

一般地讲，山羊的合群性好于绵羊；绵羊中的粗毛羊好于细毛羊和肉用羊，肉用羊最差；夏、秋季牧草丰盛时，羊只的合群性好于冬、春季牧草较差时。利用合群性，在羊群出圈、入圈、过河、过桥、饮水、换草场、运羊等活动时，只要有头羊先行，其他羊只即跟随头羊前进并发出保持联系的叫声，为生产中的大群放牧提供了方便。但由于群居行为强，羊群间距离近时，容易混群，故在管理上应避免混群。

二、食谱广

羊的颜面细长，嘴尖，唇薄齿利，上唇中央有一中央纵沟，运动灵活，下颚门齿向外有一定的倾斜度，对采食地面低草、小草、花蕾和灌木枝叶很有利，对草籽的咀嚼也很充分，素有"清道夫"之称。因为羊只善于啃食很短的牧草，故可以进行牛羊混牧，或不能放牧马、牛的短草牧场也可放羊。据试验，在半荒漠草场上，有66%的植物种类为牛所不能利用，而绵羊、山羊则仅38%。在对600多种植物的采食试验中，山羊能食用其中的88%，绵羊为80%，而牛、马、猪则分别为73%、64%和46%，说明羊的食谱较广，也表明羊对种类单调饲草料最易感到厌腻。

绵羊和山羊的采食特点有明显不同：山羊后肢能站立，有助于采食高处的灌木或乔木的幼嫩枝叶（图2-23），而绵羊只能采食地面上或

图2-23　山羊登高采食树叶

低处的杂草与枝叶；绵羊与山羊合群放牧时，山羊总是走在前面抢食，而绵羊则慢慢跟随后边低头啃食；山羊舌上苦味感受器发达，对各种苦味植物较乐意采食。粗毛羊与细毛羊相比，爱吃"走草"即爱挑草尖和草叶，边走边吃，移动较勤，游走较快，能扒雪吃草，对当地毒草有较高的识别能力；而细毛羊及其杂种，则吃的是"盘草"（站立吃草），游走较慢，常落在后面，扒雪吃草和识别毒草的能力也较差。

三、喜干厌湿

"羊性喜干厌湿，最忌湿热湿寒，利居高燥之地"，说明养羊的牧地、圈舍和休息场所，都以高燥为宜。如久居泥泞潮湿之地，则羊只易患寄生虫病和腐蹄病，甚至毛质降低，脱毛加重。不同的绵羊、山羊品种对气候的适应性不同，如细毛羊喜欢温暖、干旱、半干旱的气候，而肉用羊和肉毛兼用半细毛羊则喜欢温暖、湿润、全年温差较小的气候，但长毛肉用种的罗姆尼羊，较能耐湿热气候和适应沼泽地区，对腐蹄病有较强的抗力。

根据羊对于湿度的适应性，一般相对湿度高于85%时为高湿环境，低于50%时为低湿环境。我国北方很多地区相对湿度平均在40%~60%（仅冬、春两季有时可高达75%），故适于养羊特别是养细毛羊；而在南方的高湿高热地区，则较适于养山羊和长毛肉用羊。

四、嗅觉灵敏

羊的嗅觉比视觉和听觉更灵敏，这与其发达的腺体有关，其具体作用表现在以下3方面。

1. 识别羔羊

羔羊出生后与母羊接触几分钟，母羊就能通过嗅觉鉴别出自己的羔羊。羔羊吮乳时，母羊总要先嗅一嗅其臀尾部，以辨别是不是自己的羔羊（图2-24）。利用这一点可在生产中寄养羔羊，即在被寄养的孤羔和多胎羔身上涂抹保姆羊的羊水或尿液，寄养多会成功。

2. 辨植物

羊在采食时，能依据植物的气味和外表细致地区别出各种植物或同一植物的不同品种（系），选择含蛋白质多、粗纤维少、没有异味的

图 2-24 母羊识羔

牧草采食。

3. 辨饮水清洁

羊喜欢饮用清洁的流水、泉水或井水，而对污水、脏水等拒绝饮用。

五、适应能力

适应性是由许多性状构成的一个复合性状，主要包括耐粗、耐渴、耐热、耐寒、抗病、抗灾度荒等方面的表现。这些能力的强弱，不仅直接关系到羊生产力的发挥，同时也决定着各品种的发展命运。例如，在干旱贫瘠的山区、荒漠地区和一些高温高湿地区，绵羊往往难以生存，山羊则能很好适应。

1. 耐粗性

羊在极端恶劣条件下，具有令人难以置信的生存能力，能依靠粗劣的秸秆、树叶维持生活。与绵羊相比，山羊更能耐粗，除能采食各种杂草外，还能啃食一定数量的草根树皮，对粗纤维的消化率比绵羊要高出 3.7%。

2. 耐渴性

羊的耐渴性较强，尤其是当夏秋季缺水时，它能在黎明时分，沿牧场快速移动，用唇和舌接触牧草，以搜集叶上凝结的露珠。在野葱、野韭、野百合、大叶棘豆等牧草分布较多的牧场放牧，可几天乃至十几天不饮水。但比较而言，山羊更能耐渴，山羊每千克体重代谢需水 188 毫升，绵羊则需水 197 毫升。

3. 耐热性

由于羊毛有绝热作用，能阻止太阳辐射热迅速传到皮肤，所以较能耐热。绵羊的汗腺不发达，蒸发散热主要靠呼吸，其耐热性较山羊差，故当夏季中午炎热时，常有停食、喘气和"扎窝子"等表现；而山羊对扎窝子却从不参加，照常东游西窜，气温 37.8℃时仍能继续采食。粗毛羊与细毛羊比较，前者较能耐热，只有当中午气温高于 26℃时才开始扎窝子；而后者则在 22℃左右即有此种表现。

4. 耐寒性

绵羊由于有厚密的被毛和较多的皮下脂肪，可以减少体热散发，故其耐寒性高于山羊。细毛羊及其杂种的被毛虽厚，但皮板较薄，故其耐寒能力不如粗毛羊；长毛肉用羊原产于英国的温暖地区，皮薄毛稀，引入气候严寒之地，为了增强抗寒能力，皮肤常会增厚，被毛有变密变短的倾向。

5. 抗病力

放牧条件下的各种羊，只要能吃饱饮足，一般全年发病较少。在夏秋膘肥时期，对疾病的耐受能力较强，一般不表现症状，有的临死还勉强吃草跟群。为做到早治，必须细致观察，才能及时发现。山羊的抗病能力强于绵羊，感染内寄生虫和腐蹄病的也较少。粗毛羊的抗病能力较细毛羊及其杂种强。

6. 度荒能力

它指羊只对恶劣饲料条件的忍耐力，其强弱除与放牧采食能力有关外，还决定于脂肪沉积能力和代谢强度。各种羊的抗灾能力不同，故因灾死亡的比例相差很大。例如，山羊因食量较小，食性较杂，抗灾度荒能力强于绵羊；细毛羊因羊毛生长需要大量的营养，而又因被毛的负荷较重，故易乏瘦，其损失比例明显较粗毛羊为大；公羊因强悍好斗，异化作用强，配种时期体力消耗大，如无补饲条件，则其损失比例要比母羊大，特别是育成公羊。

六、神经活动

山羊性机警灵敏，活泼好动，记忆力强，易于训练成特殊用途的羊；而绵羊则性情温顺，胆小易惊，反应迟钝，易受惊吓而出现"炸群"。当遇兽害时，山羊能主动大呼求救，并且有一定的抗御能力；而绵羊无自卫能力，四散逃避，不会联合抵抗。山羊喜角斗，角斗形式有正向互相顶撞和跳起斜向相撞两种，绵羊则只有正向相撞一种。因此，有"精山羊，疲绵羊"之说。

七、善于游走

游走有助于增加放牧羊只的采食空间，特别是牧区的羊终年以放牧为主，需长途跋涉才能吃饱喝好，故常常一日往返里程达到 6~10 千米。山羊具有平衡步伐的良好机制，喜登高，善跳跃，采食范围可达崇山峻岭，悬岩峭壁，如山羊可直上直下60°的陡坡，而绵羊则需斜向作"之"字形游走。

不同品种的羊在不同牧草状况、牧场条件下，其游走能力有很大区别。在接近配种季节、牧草质量差时，羊只的游走距离加大，游走距离常伴随放牧时间而增加。

第三节　羊的繁殖技术

一、繁殖现象和规律

（一）公羊性行为、性成熟

公羊的性行为主要表现为性兴奋、求偶、交配。公羊表现性行为时，常有举头，口唇上翘，发出一连串鸣叫声，爬跨其他山羊等行为（图 2–25、图 2–26）。性兴奋发展到高潮时进行交配，公羊的交配时间很短，数十秒钟就完成了。

图 2-25　公羊的性行为　　　　　　图 2-26　公羊的性行为

公羔到了一定的年龄时开始出现性行为，如爬跨，能排出成熟精子，这一时期为羊的初情期，是性成熟的初级阶段。初情期以后，随着第一次发情，生殖器官的大小和重量迅速增长，性机能也随之发育，此时公羔羊已出现第二性征，能产生正常受胎的精液。初情期的迟早是由不同品种、气候、营养因素引起的。一般表现为体型小的品种早于体型大的品种，南方品种羊早于北方品种羊，热带的羊早于寒带或温带的羊，营养良好的羊早于营养不足的羊。我国南方山羊品种的初情期，一般在 3~6 月龄，体重约为成年羊体重的 40%~60%。 虽然性成熟时期羊的生殖器官已发育完全，具备了正常的繁殖能力，但因其个体的生长发育尚未完成，故在性成熟初期羔羊一般不宜配种，否则会影响羔羊自身及其胎儿的正常发育。如此往复，不仅影响其个体生产性能发挥，而且还会导致羊种群品质下降。

（二）母羊的发情、性成熟及初配年龄

1. 母羊的发情与排卵

母羊性成熟之后，所表现出的一种具有周期性变化的生理现象，称为发情。母羊发情征象大多不很明显，一般发情母羊多喜接近公羊，在公羊追逐或爬跨时站立不动，食欲减退，阴唇黏膜红肿、阴户内有黏性分泌物流出，行动迟缓，目光滞钝，神态不安等。处女羊发情更不明显，且多拒绝公羊爬跨，故必须注意观察和做好试情工作，以便适时配种。

母羊从上次发情开始到下次发情开始之间的时间间隔称为发情周期。羊的发情周期与其品种、个体、饲养管理条件等因素有关，绵羊的发情周期为 14~29 天，平均 17 天，山羊的发情周期为 19~24 天，平均 21 天。

从母羊出现发情特征到这些特征消失之间的时间间隔称为发情持续期，一般绵羊为 30~40 小时，山羊 24~28 小时。在一个发情持续期，绵羊能排出 1~4 个卵子，高产个体可排出 5~8 个卵子。如进行人工超排处理，母羊通常可排出 10~20 个卵子。

了解羊的发情征象及发情持续时间，目的在于正确安排配种时间，以提高母羊的受胎率。母羊在发情的后期就有卵子从成熟的卵泡中排出，排卵数因品种而异，卵子在排出后 12~24 小时内具有受精能力，受精部位在输卵管前端 1/3~1/2 处。因此，绵羊应在发情后 18~24 小时、山羊发情后 12~24 小时配种或输精较为适宜。

在实际工作中，由于很难准确地掌握发情开始的时间，所以应在早晨试情后，挑出发情母羊立即配种，如果第二天母羊还继续发情可再配一次。

2. 性成熟和初配年龄

公、母羊生长发育到一定的年龄，性器官发育基本完全，并开始形成性细胞和性激素，具备繁殖能力，这时称为性成熟。绵羊的性成熟一般在 7~8 月龄，山羊在 5~7 月龄。性成熟时，公羊开始具有正常的性行为，母羊开始出现正常的发情和排卵。

绵羊、山羊的性成熟受品种、气候、营养、激素处理等因素的影响。一般表现为个体小的品种的初情期早于个体大的品种，山羊早于绵羊，南方母羊的初情期较北方的早，热带的羊较寒带或温带的早；早春产的母羔即可在当年秋季发情，而夏秋产的母羔一般需到第二年秋季才发情，其差别较大。营养良好的母羊体重增长很快，生殖器官生长发育正常，生殖激素的合成与释放不会受阻，因此其初情期表现较早，营养不足则使初情期延迟。用孕激素固醇类药物对 2 月龄母羔进行处理，继而用孕马血清促性腺激素处理，可使母羔出现发情和正常的性周期，并且排卵。

通常性成熟后，就能够配种受胎并生殖后代，但是绵羊达到性成熟时并不意味着可以配种，因为绵羊刚达到性成熟时，其身体并未达到充分发育的程度，如果这时进行配种，不仅阻碍其本身的生长发育，而且也影响到胎儿的生长发育和后代体质及生产性能，长此下去，必将引起羊群品质下降。因此，公、母羔在断奶时，一定要分群管理，以免偷配。

山羊的初配年龄一般在 10~12 月龄，绵羊在 12~18 月龄，但也受品种、气候和饲养管理条件的制约。南方有些山羊品种 5 月龄即可进行第一次配种，而北方有些山羊品种初配年龄需到 1.5 岁。分布江浙一带的湖羊生长发育较快，母羊初配年龄为 6 月龄，我国广大牧区的绵羊多在 1.5 岁时开始初次配种。由此看来，分布于全国各地不同的绵羊、山羊品种其初配年龄很不一致，但根据经验，以羊的体重达到成年体重 70%~80% 时进行第一次配种较为合适。种公羊最好到 18 月龄后再进行配种使用。

（三）受精与妊娠

精子和卵子结合成受精卵的过程叫受精。受精卵的形成意味着母羊已经妊娠，也称作受胎。母羊从开始怀孕（妊娠）到分娩，称为妊娠期或怀孕期。母羊的妊娠期长短因品种、营养及单双羔因素有所变化。山羊妊娠期正常范围为 142~161 天，平均为 152 天；绵羊妊娠期正常范围为 146~157 天，平均为 150 天。但早熟肉毛兼用品种多在良好的饲养条件下育成，妊娠期较短，平均为 145 天。细毛羊多在草原地区繁育，饲养条件较差，妊娠期长，多在 150 天左右。

（四）繁殖季节

羊的发情表现受光照长短变化的影响。同一纬度的不同季节，以及不同纬度的同一季节，由于光照条件不相同，羊的繁殖季节也不相同。在纬度较高的地区，光照变化较明显，因此母羊发情季节较短，而在纬度较低的地区，光照变化不明显，母羊可以全年发情配种。

母羊大量发情的季节称为羊的繁殖季节，一般也称作配种季节。

绵羊的发情表现受光照的制约，通常属于季节性繁殖配种的家畜。繁殖季节因是否有利于配种受胎及产羔季节是否有利于羔羊生长发育等自然选择演化形成，也因地区不同、品种不同而发生变化。生长在寒冷地区或原始品种的绵羊，呈现季节性发情；而生长在热带、亚热带地区或经过人工培育选择的绵羊，繁殖季节较长，甚至没有明显的季节性表现，我国的湖羊和小尾寒羊就可以常年发情配种。我国北方地区，绵羊季节性发情开始于秋，结束于春。其繁殖季节一般是7月至翌年的1月，而8—10月为发情旺季。绵羊冬羔以8—10月配种，春羔以11—12月配种为宜。

山羊的发情表现对光照的影响反应没有绵羊明显，所以山羊的繁殖季节多为常年性的，一般没有限定的发情配种季节。但生长在热带、亚热带地区的山羊，5—6月因为高温的影响也表现发情较少。生活在高寒山区，未经人工选育的原始品种藏山羊的发情配种也多集中在秋季，呈明显的季节性。

不管是山羊还是绵羊，公羊都没有明显的繁殖季节，常年都能配种。但公羊的性欲表现，特别是精液品质，也有季节性变化的特点，一般还是秋季最好。

（五）母羊发情的鉴定方法

发情鉴定就是判断母羊发情是否正常，属何阶段，以便确定配种的最适宜时间，提高受胎率。为了提高母羊发情鉴定的准确度，就要了解影响母羊发情的因素及异常发情的表现，这样才能做到鉴定时心中有数。

1. 不同发情期的表现

在发情期间输卵管伞部紧包着卵巢，随着黄体的发育，输卵管的纤毛状上皮的高度增加，由组织开始首先逐渐延至输卵管中段在发情前期和发情期输卵管无纤毛的上皮细胞分泌蛋中性黏多糖，输卵管分泌物的pH值为6.0~6.4，到发情前期升为6.4~6.6，而在发情期和发情后期升至6.8~7.0。这种pH值的变化有利于精子的运行和受精。

（1）发情前期　这时母羊有发情的愿望，这时母羊接近试情公羊，但不许试情公羊爬跨，外阴部有充血红润，用开膣器打开阴道时很困难，子宫颈口充血未开放，有黏液，但很少，拉不成丝，开膣器拉出时也困难，这时不易配种，因卵巢未发育成熟，没有成熟的卵子排出。

（2）发育中期　这时母羊接近试情公羊并允许爬跨，有频频排尿的动作，和"若有所思"的样子，外阴部有充血、红润、肿胀。开膣器打开阴道时很容易，子宫颈口充血开放，黏液多，能拉成丝，黏液透明清楚（图2-27），这时配种最好，因为卵巢发育成熟有成熟的卵子排出。这个期很快，根据羊的体质饲养条件的不同大约1天，但也有

57

的持续 2 天左右。

图 2-27　处在发情中期的母羊配种最适宜

（3）发情后期　这时母羊不接近公羊，不许爬跨，处于安静的状态，用开膣器打开阴道时很困难，外阴部充血。红润逐渐消失，打开阴道子宫颈口充血已消去，但是开放，黏液量少，稠而黄，拉不成丝，黏液呈片状形式。这时也可配种。

2．影响母羊发情的因素

（1）光照　光照时间的长短变化对羊的性活动有较明显的影响。一般来讲，由长日照转变为短日照的过程中，随着光照时间的缩短，可以促进绵羊、山羊发情。

（2）温度　温度对羊发情的影响与光照相比较为次要，但一般在相对高温的条件下将会推迟羊的发情。山羊虽然是常年发情的畜种，但在 5—6 月只有零星发情。

（3）营养　良好的营养条件有利于维持生殖激素的正常水平和功能，促进母羊提早进入发情季节。适当补饲，提高母羊营养水平，特别是补足蛋白质饲料，对中等以下膘情的母羊可以促进发情和排卵，诱发母羊产双胎。绵羊在进入发情季节之前，采取催情补饲，加强营养措施以促进母羊的发情和排卵；山羊在配种之前也应提高营养水平，做到满膘配种。

（4）生殖激素　母羊的发情表现和发情周期受内分泌生殖激素的控制，其中起主要作用的是脑垂体前叶分泌的促卵泡素和促黄体素两种。

① 促卵泡素（FSH）。其主要作用是刺激卵巢内卵泡的生长和发育，形成卵泡期，引起母羊生殖器官的变化和性行为的变化，促进羊的发情表现。

② 促黄体素（LH）。其主要作用是与促卵泡素协同作用，促进卵泡的成熟和雌激素的释放，诱使卵泡壁破裂而引起排卵，并参与破裂卵泡形成黄体，使卵巢进入黄体期，从而对发情表现有相对的抑制作用。促卵泡素和促黄体素虽然功能各异，但又具有协同作用。羊的促卵泡素的分泌量较低，因此发情持续时间较短，与促黄体素比率的绝对值也相对较低，造成羊的排卵时间比较滞后，一般为发情结束期前，且表现安静排卵的羊较多。

3. 异常发情

大多数母羊都有正常的发情表现，但因营养不良、饲养管理不当或环境条件突变等原因，也可导致异常发情，常见有以下几种。

（1）安静发情　它是指具有生殖能力的母羊外部无发情表现或外观表现不很明显，但卵巢上的卵泡发育成熟且排卵，也叫隐性发情。这种情况如不细心观察，往往容易被忽视。其原因有 3 个方面：其一是由于脑下垂体前叶分泌的促卵泡素量不足，卵泡壁分泌的雌激素量过少，致使这两种激素在血液中含量过少所致；其二是由于母羊年龄过大，或膘情过于瘦弱所致；其三是因母羊发情期很短，没有发现所致，这种情况叫做假隐性发情。

（2）假性发情　它是指母羊在妊娠期发情或母羊虽有发情表现但卵巢根本无卵泡发育。妊娠期间的假性发情，主要是由于母羊体内分泌的生殖激素失调所造成的。

母羊发情配种受孕后，妊娠黄体和胎盘都能分泌孕酮，同时胎盘又能分泌雌激素。通常妊娠母羊体内分泌的孕酮、雌激素能够保持相对平衡，因此，母羊妊娠期间一般不会出现发情现象。但是当两种激素分泌失调后，即孕酮激素分泌减少，雌激素分泌过多，将导致母羊血液里雌激素增多，这样，个别的母羊就会出现妊娠期发情现象。

无卵泡发育的假性发情，多数是由于个别青年母羊虽然已达到性成熟，但卵巢机能尚未发育完全，此时尽管发情，往往没有发育成熟的卵泡排出。或者是个别母羊患有子宫内膜炎，在子宫内膜分泌物的刺激下也会出现无卵泡发育的假性发情。

（3）持续发情　是指发情时间延长，并大大超过正常的发情期限，是由于卵巢囊肿或母羊两侧卵泡不能同时发育所致。卵巢囊肿，主要是卵泡囊肿，即发情母羊的卵巢有发育成熟的卵泡，越发育越大，但就是不破裂，而卵泡壁却持续分泌雌性激素，在雌激素的作用下，母羊的发情时间就会延长。两侧卵泡不同时发育，主要表现是当母羊发情时，一侧卵巢有卵泡发育，但发育几天即停止了，而另一侧卵巢又有卵泡发育，从而使母羊体内雌激素分泌的时间拉长，致使母羊的发情时间延长。早春营养不良的母羊也会出现持续发情的情况。

4. 发情鉴定

（1）外部观察法　外部观察法就是观察母羊的外部表现和精神状态判断母羊是否发情。母羊发情后，兴奋不安，反应敏感，食欲减退，有时反刍停止，频频排尿、摇尾，母羊之间相互爬跨，咩叫摇尾，靠近公羊，接受爬跨。

（2）公羊试情法　母羊发情时虽有一些表现，但不很明显，为了适时输精和防止漏配，在配种期间要用公羊试情的办法来鉴别母羊是否发情。此法简单易行，表现明显，易于掌握，适用于大群羊。母羊发情时喜欢接近公羊。

① 试情时间，在生产实践中，一般是在黎明前和傍晚放牧归来后各进行一次。每次不少于 1.0~1.5 小时，如果天亮以后才开始试情，由于母羊急于出牧，性欲下降，故试情效果不好。

② 试情圈的面积以每羊 1.2~1.5 米^{2}为宜。试情地点应大小适中，地面平坦，便于观察，利于抓羊，试情公羊能与母羊普遍接近。

③ 试情公羊必须体格健壮，性欲旺盛，营养良好，活泼好动。试情期间要适当休息，以消除疲劳，并加强饲养管理。

④ 试情时将母羊分成 100~150 只的小群，放在羊圈内，并赶入试情公羊。数量可根据公羊的年龄和性欲旺盛的程度来定。一般可放入3~5 只试情公羊。

⑤ 用试情布将阴茎兜住，不让试情公羊和母羊交配受胎。每次试情结束要清洗试情布，以防布面变硬擦伤阴茎。

⑥ 试情时，如果发现试情公羊用鼻子去嗅母羊的阴户，或在追逐爬跨时，发情母羊常把两腿分开，站立不动，摇尾示意，或者随公羊绕圈而行者即为发情母羊。用公羊试情就是利用这些特性，作为判定发情的主要依据。

⑦ 在配种期内，每日定时将试情公羊放入母羊群中去发现发情母羊。

5. 阴道检查法

阴道检查法就是通过开腟器检查母羊阴道内变化来判定母羊是否发情。操作简单、准确率高，但工作效率低，适于小规模饲养户应用。检查时，先将母羊保定好，洗净外阴，再取出经清洗、消毒、烘干、涂上润滑剂的开腟器，检查员左手横持开腟器，闭合前端，缓缓插入，轻轻打开前端，用手电筒检查阴道内部变化，当发现阴道黏膜充血、红色、表面光亮湿润，有透明黏液渗出，子宫颈口充血、松弛、开张，呈深红色，有黏液流出时，即可定为发情。

二、配种时间和配种方法

（一）配种时间的确定

羊的配种计划安排一般根据各地区、各羊场每年的产羔次数和时间来决定。1年1产的情况下，有冬季产羔和春季产羔两种。"秋羔"就是把配种季节被人为地把发情期集中在了每年的3—4月间，到8—9月间产羔，正值立秋前后，气候温和，正是牧草旺盛季节，而且牧草开花结籽时，营养价值最高，在这个时期产羔，能充分利用母羊膘情好、体壮、乳汁多羔羊在胎后期和哺乳前期都不会缺乏营养，生长发育良好。秋羔的缺点就是进入冬季后没有优质饲草，母羊乳汁减少，羔羊没有足够的鲜草，影响生长发育。春羔是把配种季节被人为地把发情期集中在了每年的11—12月间，到第二年的4—5月间产羔，春季产羔，气候较温暖和，不需要保暖产房。母羊产后很快就可吃到青草，奶水充足，羔羊出生不久，也可吃到嫩草，有利于羔羊生长发育。但产春羔的缺点是母羊妊娠后期膘情最差，胎儿生长发育受到限制，羔羊初生重小。同时羔羊断奶后利用青草期较短，不利于抓膘育肥。随着现代繁殖技术的应用，密集型产羔体系技术越来越多的应用于各大羊场。在2年3产的情况下，第1年5月配种，10月产羔；2年1月配种，6月产羔；9月配种，翌年2月产羔。在1年2产的情况下，第1年10月配种，第2年3月产羔；4月配种，9月产羔。交配时间一般是早晨发情的母羊傍晚配种，下午或傍晚发情的母羊于第二天早晨配种。为确保受胎，最好在第一次交配后，间隔12小时左右再交配一次。

（二）配种的方法

羊配种方法分为自由交配、人工辅助交配和人工授精3种。

1. 自由交配

自由交配也是最原始的交配方式。自由交配最简单。在配种期内，可根据母羊多少，将选好的种公羊放入母羊群中任其自由寻找发情母羊进行交配，也叫本交（图2-28）。该法省工省事，适合小群分散的生产单位，若公母羊比例适当，可获得较高的受胎率。其缺点为：无法控制产羔时间；公羊追逐母羊，无限交配，不安心采食，耗费精力，影响健康；公羊追逐爬跨母羊，影响母羊采食抓膘；无法掌握交配情况，后代血统不明，容易造成近亲交配或早配，难以实施计划选配；不能记录确切的配种日期，也无法推算分娩时间，给产羔管理造成困难。羔羊出生后没有系谱；种公羊利用率低，不能发挥优秀种公羊的作用，消耗公羊体力，将公羊隔离出来。为了防止近交，羊群间要定期调换种公羊。

图2-28　公母羊自由交配

2. 人工辅助交配

人工辅助交配是有计划地安排公母羊在非配种季节分开饲养，在配种期内用试情公羊试情，有计划地安排公母羊配种。这种交配方式不仅可以提高种公羊的利用率，增加利用年限，而且能够有计划地选配，提高后代质量。交配时间，一般是早晨发情的母羊傍晚配种，下午或傍晚发情的母羊于次日早晨配种。为确保受胎，最好在第一次交配后间隔 12 小时左右再重复交配 1 次。配种期内如果是自由交配，可按 1∶25 的比例将公羊放入母羊群，配种结束将公羊隔出来。每年群与群之间要有计划地进行公羊调换，交换血统。

3. 人工授精

人工授精是借助于器械将公羊的精液输入到母羊的子宫颈内或阴道内，达到受孕的一种配种方式。人工授精可以提高优秀种公羊的利用率，比本交提高与配母羊数十倍，节约饲养大量种公羊的费用，加速羊群的遗传进展，并可防止疾病传播。

三、人工授精技术

人工授精是一种先进的配种方法。是用器械将精液输入发情母羊的子宫颈内，使母羊受孕的方法。通过人工授精可以发挥优秀种公羊的作用，可以提高母羊的受胎率，节省公羊，节省饲料费用，防治传染病，便于血统登记，精液可以长期保存和远距离运输。它是有计划进行羊群改良和培育新品种的一项重要技术措施。

人工授精技术包括采精、精液品质检查、精液处理和输精等主要技术环节。

（一）准备工作

1. 药物配制

（1）配制 65% 酒精 用 96% 无水酒精 68 毫升，加入蒸馏水 32 毫升。为了准确起见，应以酒精比重计测定原酒精的浓度，然后按比例计算，配制出所需浓度。

（2）配制 0.9% 氯化钠溶液 每 100 毫升蒸馏水中，加入化学纯净的氯化钠 0.9 克，待充分溶解后，用滤纸过滤两遍。现用现配。

（3）配制 2% 重碳酸钠或 1.5% 碳酸钠溶液 每 100 毫升温开水

中，加入 2 克重碳酸钠或 1.5 克碳酸钠，使其充分溶解。

（4）棉球准备　将棉花做成直径 1.5~2 厘米的圆球，分装于有盖广口瓶或搪瓷缸内，分别浸入 96% 酒精、65% 酒精及 0.9% 氯化钠溶液，以棉球湿润为度。瓶上贴以标签，注明药液的名称、规格，以利识别。氯化钠棉球经过消毒以后使用。

2. 器械用具的洗涤和消毒

凡供采精、输精及与精液接触的器械、用具（图 2-29），都应做到清洁、干净，并经消毒后方可使用。

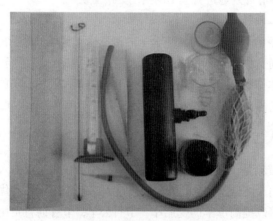

图 2-29　部分人工授精器械

（1）洗涤　输精器械用 2% 重碳酸钠溶液或 1.5% 碳酸钠溶液反复洗刷后，再用清水冲洗 2~3 次，最后用蒸馏水冲洗数次，放在有盖布的搪瓷盘内。假阴道内胎用肥皂洗涤，以清水冲洗后，吊在室内，任其自然干燥。如急用可用清洁毛巾擦干。毛巾、台布、纱布、盖布等可用肥皂或肥皂粉洗涤，再用清水淘洗几次。

（2）消毒　假阴道用棉花球擦干，再用 65% 酒精消毒。连续使用时，可用 96% 酒精棉球消毒。

集精杯用 65% 酒精或蒸气消毒，再用 0.9% 氯化钠溶液冲洗 3~5 次。连续使用时，先用 2% 重碳酸钠溶液洗净，再用开水冲洗，最后用 0.9% 氯化钠溶液冲洗 3~5 次。

输精器用 65% 酒精消毒，再用 0.9% 氯化钠溶液冲洗 3~5 次。连续使用时，其处理方法与集精杯相同。

开腟器、镊子、搪瓷盘、搪瓷缸等可用酒精火焰消毒。

其他玻璃器皿、胶质品用 65% 酒精消毒。

氯化钠溶液、凡士林每日应蒸煮消毒一次。

毛巾、纱布、盖布等洗涤干净后用蒸汽消毒，橡皮台布用 65% 酒精消毒。

擦拭母羊外阴部和公羊包皮的纱布、试情布，用肥皂水洗净，再用 2% 来苏儿溶液消毒，用清水淘净晒干。

注：蒸汽消毒时，待水沸后蒸煮 30 分钟。最好用高压消毒锅。

3. 假阴道的准备

① 将假阴道安装好，按前述器械洗涤、消毒方法和顺序对假阴道清洗消毒。

② 在假阴道的夹层灌入 50~55℃的温水，水量为外壳与内胎间容量的 1/2~2/3。

③ 把消毒好的集精杯安装在假阴道一端，并包裹双层消毒纱布。

④ 在假阴道另一端深度为 1/3~1/2 的内胎上涂一层薄薄的白凡士林（0.5~1.0 克）。

⑤ 吹气加压，使未装集精杯的一端内胎呈三角形，松紧适度。

⑥ 检查温度，以 40~42℃为适宜（气温低时，可适当高些；气温高时，可低些）。

4. 稀释液的准备

精液稀释原精液加入一定的稀释液，可增加精液的容量，延长精子的存活时间，有利于精液的保存和运输，扩大母羊的配种数量。

稀释液配方如下。

配方一：脱脂奶粉 10 克，卵黄 10 克，蒸馏水 100 毫升，青霉素 10 万国际单位。

配方二：柠檬酸钠 1.4 克，葡萄糖 3.0 克，卵黄 20 克，蒸馏水 100 毫升，青霉素 10 万国际单位。

两种配方配置时，分别将奶粉、柠檬酸钠、葡萄糖加入蒸馏水中，经过蒸煮消毒、过滤，最后加入卵黄和青霉素，振荡溶解后即制成了

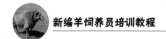

稀释液。

精液稀释时，稀释液要预热，其温度应与精液的温度尽量保持一致，在 20~25℃的室温下无菌操作，将稀释液慢慢沿杯壁注入精液中并轻轻搅拌混合均匀，稀释的倍数根据精子的密度、活力来定。一般以 1：1 为宜，若精液不足，最高也不要超过 1：3。稀释好的精液在常温（20~30℃）下能保存 1~2 天；低温（0~4℃）下能保存 3~5 天。

（二）试情

母羊发情征症不明显，发情持续期短，因而不易被发现。在进行人工授精和辅助交配时，需用试情公羊放入母羊群中来寻找和发现发情母羊，这就是试情。试情羊应选体格健壮、性欲旺盛、年龄 2~5 岁的公羊。为防止试情公羊偷配，最常用的办法是系试情布，即用 20 厘米 ×30 厘米的白布 1 块，四角系带，捆拴在试情公羊腹下，使其只能爬跨不能交配。

试情方法：试情应在早晨，将试情羊赶入母羊群中。如果母羊喜欢接近公羊，站立不动，接受爬跨，表示已经发情，应拉出配种。有的处女羊对公羊有畏惧现象，公羊久追不放，这样也应作为发情羊拉出。为了试情彻底和正确，力求做到不错、不漏、不耽误时间，公母羊比例可按 1：（30~40）配群。同时试情时要求"一准二勤"。"一准"是眼睛看得准，"二勤"是腿勤和手勤。要将卧在地上或者拥挤在一起的母羊哄起，使试情公羊能和母羊接触，增加嗅的机会。在试情期间，应将有生殖器官炎症的母羊挑选出来，避免公羊产生错觉，影响试情工作。

（三）采精

① 选择发情旺盛、个体大的母羊作为台羊，保定在采精架（图 2–30）上。

② 引导采精的种公羊到台羊附近，拭净包皮。

③ 采精人右手紧握假阴道，用食、中指夹好集精杯，使假阴道活塞朝下方，蹲在台羊的右后测。

④ 待公羊爬跨台母羊阴茎伸出时，采精人用左手轻拨（勿捉）公羊包皮（勿接触龟头），将阴茎导入假阴道（假阴道与地平线应呈 35°角）。

⑤ 当公羊后躯急速向前用力一冲时，即完成射精，此时随着公羊从母羊身上跳下，顺着公羊动作向后移下假阴道，立即竖立，集精杯一端向下（图 2-31）。

⑥ 放出假阴道的空气，擦净外壳，取下集精杯，用盖盖好送精液处理室检查处理。

图 2-30 采精架

图 2-31 采精

在一般情况下，公羊每天上、下午可采精 2~4 次。也可连续 2 次采精，连续采精间隔时间 5~10 分钟。公羊使用 1 周后要休息 1 天，以免影响受胎率。公羊运动不足、使用过度、营养不良或过于肥胖都影响精液品质。

（四）精液检查

1. 精液检查的目的

精液品质的好坏与受胎率有直接关系，所以采到的精液必须经过检测与评价后方可用作输精，通过检查确定稀释倍数和能否用于输精。检测室要洁净，室温保持 18~25℃检查项目如下。

外观检查：公羊精液为乳白色，略带腥味，肉眼可见云雾状运动（图 2-32）。

精液量：为 0.8~1.8 毫升，一般为 1 毫升。每毫升有精子 10 亿 ~ 40 亿个。

密度检查：用玻璃棒取少许精液放在载玻片上，盖上盖玻片，放在显微镜下观察（图 2-33）。在视野内精子之间间隙很小或无间隙，就评为稠密；如精子之间距离很大，看起来稀稀落落就评为稀薄；若精子多少介于以上两种情况之间就评为中等。

图 2-32　精液外观

图 2-33　精液密度检查

活力检查：取 1 滴待检查精液稀释后，置于载玻片上，上覆盖玻片，在显微镜下观察。在 37℃左右条件下精液中直线前进运动的精子占总精子的百分比，全部精子都呈现直线前进运动的评为 5 分，约 80% 为直线前进活动的评为 4 分。只有活力在 4 分以上、密度中等以上的才可用于输精。

2. 精液检查时注意事项

① 检查室温度要适宜。精子活力和温度关系很大，所以检查时室温须保持在 18~25℃。

② 要制两个玻片，以原精液作密度评定，以稀释精液作活力评定。

③ 精液检查时应避免阳光直射、振荡或污染，操作速度快。

④ 正确地登记种公羊号、采精时间、射精量、精液品质、稀释比例和输精母羊数。

（五）精液稀释

精液稀释的目的，一方面是为了增加精液容量，以便为更多的母羊输精；另一方面还能使精液短期甚至长期保存起来，继续使用，且有利于精液的长途运输，从而大大提高种公羊的配种效率。精液在采好以后应尽快稀释，稀释越早效果越好。因而采精以前就应配好稀释液。一般常用的稀释液为生理盐水，根据配种母羊数和精液的密度可进行 1 :（1~2）的稀释。通常是在显微镜检查评为"密"的精液才能稀释，稀释后的精液每次输精量（0.1毫升）应保证有效精子数在7 500万个以上。此种稀释液只能做及时输精用，不能做保存和运输精液用。稀释倍数不宜超过2倍。除此之外，还有牛、羊奶稀释液。稀释时，稀释液必须是新鲜的，牛奶或羊奶稀释液。将新鲜牛奶或羊奶用几层纱布过滤，煮沸消毒10~15分钟，冷却至30℃，去掉奶皮即可。一般可稀释1:（2~4）倍。其温度与精液温度保持一致，在20~25℃室温和无菌条件下进行操作。稀释液应沿着集精瓶壁缓缓注入，用细玻棒轻轻搅匀。切勿一次稀释倍数过大和受到剧烈冲击、温度骤变和其他有害因素的影响。

（六）输精

1. 使用横杠式输精架

给输精羊输精时最好使用横杠式输精架。地面埋两个木桩，木桩间距可由一次输精羊数而定，一般可设2米，再在木桩上固定一根圆木（直径约6厘米）；圆木距地面50厘米左右。输精母羊的后肋搭在圆木上，前肢着地，后肢悬空，几只母羊可同时搭在圆木上输精。输精前将母羊外阴部用来苏儿溶液消毒，水洗，擦干，再将开腔器插入，寻找子宫颈口。子宫颈口的位置不一定正对阴道，但其附近黏膜的颜色较深，容易寻找。成年母羊阴道松弛，开腔器挤入后张开，注意不要损伤黏膜。处女羊阴道狭窄，开腔器无法伸开，只能进行阴道输精，但输精量至少增加1倍（图2–34）。

图2–34　输精

2. 掌握好输精时机

最佳输精时机是在母羊发情中期或后半期，若输精 2 次，对早上发现的发情羊立即输精一次，傍晚再输精一次。

3. 严格遵守操作规程

输精的关键是严格遵守操作规程，操作要细致，子宫颈口要对准，精液数量要够。输精后的母羊要登记，用染料涂上标记，按输精先后组群，加强饲养管理，为增膘保胎创造条件。

（七）提高受胎率的关键技术

要想提高人工授精的受胎率，应注意以下关键技术。

1. 公羊的选择及精液品质的鉴定

为了提高配种率，对有生殖缺陷（单睾、隐睾或睾丸形状不正常）的公羊一经发现应立即淘汰。通过精液品质检查，根据精子活力、正常精子的百分率、精子密度等判定公羊能否参加配种。

2. 母羊的发情鉴定及适时输精

羊人工授精的最佳时间是发情后 18~24 小时。这时子宫颈口开张，容易做到子宫颈内输精。而发情的早晚可根据阴道流出的黏液来判定：黏液呈透明黏稠状即是发情开始；颜色为白色即到发情中期；如已混浊，呈不透明的黏胶状，即是到了发情晚期，是输精的最佳时期。但一般母羊发情的开始时间很难判定。根据母羊发情晚期排卵的规律，可以采取早晚两次试情的方法选择发情母羊。早晨选出的母羊到下午输一次精，第二天早上再重复输一次精；晚上选出的母羊到第二天早上第一次输精，下午重复输一次精，这样可以大大提高受胎率。

技能训练

一、绵羊、山羊品种幻灯片观察

【目的要求】通过本次绵、山羊品种幻灯的观察和直观地介绍绵羊、山羊品种的外貌特征和生产性能，加深对品种的认识和了解。

【训练条件】绵羊、山羊品种幻灯片、屏幕、幻灯机。

【操作方法】主要绵羊、山羊品种幻灯片观察。

【考核标准】

1. 能正确叙述不同类型绵羊品种在外貌特征上的主要区别。

2. 能正确识别山羊和绵羊在外形结构上的主要区别。

二、羊的人工授精技术

【目的要求】能熟练给适配母羊进行人工授精操作。

【训练条件】75% 的酒精、高锰酸钾，清洗并消毒过的假阴道、集精杯、镊子、开膣器、输精器等、恒温箱等。

【考核标准】

1. 各项准备工作充分。

2. 能正确并熟练完成各项操作。

思考与练习

1. 常见的绵羊、山羊品种有哪些? 各有什么特点?

2. 羊有哪些生活习性?

3. 简述母羊的发情周期、性成熟、初配年龄和适宜配种时间。

4. 怎样进行母羊的发情鉴定?

第三章　羊饲料营养与饲料加工

第一节　羊的饲料种类

羊的饲料种类极为广泛，在各种植物中，羊最喜欢采食比较脆硬的植物茎叶，如灌木枝条、树叶、块根、块茎等。树枝、树叶可占其采食量的1/3~1/2。灌木丛生、杂草繁茂的丘陵、沟波是放牧羊的理想地方。

羊的饲料按来源可分为青绿饲料、粗饲料、多汁饲料、精饲料、无机盐饲料、特种饲料等。

一、青绿饲料

青绿饲料水分多（75%~90%），体积大，粗纤维含量少，含有易吸收的蛋白质，维生素，无机盐也很丰富，是成本低、适口性好、营养较完善的饲料。

青杂草种类很多，产量较低，其营养价值取决于气候、土壤、植物种类、收割时间。

青绿牧草是专门栽培的牧草，产量高、适口性好、营养价值高。

青割饲料是指把杂粮作物如玉米、大麦、豌豆等密植，在籽实未成熟之前收割下来，饲喂山羊，总营养价值比收获籽实后收割的高出70%。

青树叶即一些灌木、乔木的叶子如榆、杨、刺槐、桑、白杨等树叶，蛋白质和胡萝卜素丰富，水分和粗纤维含量较低。

二、粗饲料

精饲料是山羊冬、春季主要食物，包括各种青干草，作物秸秆、秕壳。特点是体积大、水分少、粗纤维多，可消化营养少，适口性差。

（一）青干草

包括豆科干草、禾本科干草和野干草，以豆科青干草品质最好。禾本科牧草在抽穗期，豆科牧草在花蕾形成期收割，叶子不易脱落，并含有较多的蛋白质、维生素和无机盐。经2~3个晴天，可晾晒成质量较好的青干草，中间遇雨草会变黄或发霉，质量下降。青干草应存放在干燥地方，防止雨淋变质。

（二）秸秆和秕壳

各种农作物收获过种子后，剩余的秸秆、茎蔓等。玉米秸、麦秸、稻草、谷草、大豆秧、黑豆秸，营养价值较低。经过粉碎、碱化、氨化和微贮等处理后，营养价值会有较大的提高。

三、多汁饲料

多汁饲料包括块根、块茎、瓜类、蔬菜、青贮等。水分含量很高，其次为碳水化合物。干物质含量很少，蛋白质少、钙微、磷少、钾多、胡萝卜素多。粗纤维含量低，适口性好，消化率高。

四、精料

精饲料主要是禾本科和豆科作物的籽实以及粮油加工副产品，如玉米、大麦、高粱等谷类，大豆、豌豆等豆类以及麸皮、饼类、粉渣、豆腐渣等。

精饲料具有可消化营养物质含量高、体积小、水分少、粗纤维含量低和消化率高等特点。但此类饲料由于价格高，所以常作为羊的补充饲料。如冬季羊的补饲、妊娠母羊的补饲、哺乳羔羊及羔羊育肥的补饲、配种期公母羊的补饲和病残瘦弱羊的补饲等。

五、动物性饲料

动物性饲料主要来源于畜禽和水产品的废弃物，如肉屑、骨、血、皮毛、内脏、头尾，蛋壳等，具有营养价值高、蛋白质和必需氨基酸的含量丰富、饲养成本高、有气味、细菌含量较高、不宜久存的特点，对羊来说用处不大，但由于其特殊的营养作用，是不可缺少的饲料之一。

六、无机盐及其他饲料

无机盐：用来补充日粮中无机盐的不足，能加强羊的消化和神经系统的功能，主要有食盐、骨粉、贝壳粉，石灰石、磷酸钙以及各种微量元素，一般用作添加剂食盐可以单独饲喂，其他与精料混合使用。

七、非蛋白氮饲料

非蛋白氮饲料可作为羊的蛋白质补充来源。羊可以在瘤胃微生物的作用下利用非蛋白氮转变成菌体蛋白，提高蛋白质的品质，并在肠道消化酶的作用下和天然蛋白质一样可被羊消化利用。常用的非蛋白氮饲料有尿素、硫酸铵、碳酸氢铵、多磷酸铵、液氮等，非蛋白氮饲料是羊的一种蛋白质补充饲料，在羊的饲料中用量较少；过量使用会使羊发生中毒现象，使用时要小心。

八、维生素饲料

维生素饲料主要存在于青绿饲料中，由于羊瘤胃可以合成维生素，所以一般不需要补充维生素，但病态羊、羔羊和冬季缺乏青饲料很容易发生维生素缺乏症，因此应补充维生素饲料。

九、添加剂饲料

添加剂饲料在羊的饲料中用量较少。

第二节 常用羊饲料的营养成分

一、饲料的一般成分

饲料的一般成分包括：水分、粗蛋白质、粗脂肪、粗纤维、灰分、无氮浸出物 6 种，在营养成分中还包括能量。其组成物质见表 3-1。

表 3-1 饲料中 6 种成分的组成物质

粗略分析成分		各 种 成 分 的 组 成 物
有机物	水分	水和可能存在的挥发物质
	粗蛋白质	纯蛋白质、氨基酸、氧化物、硝酸盐、含氧的糖苷、糖脂质、B 族维生素
	粗脂肪	油脂、油、蜡、有机物、固醇类、色素、维生素 A、维生素 D、维生素 E、维生素 K
	粗纤维	纤维素、半纤维素、木质素
	无氮浸出物	纤维素、半纤维素、木质素、单糖类、果浆糖、淀粉、果胶、有机酸类、树脂、单宁类、色素、水溶性维生素
无机物	灰分	常量元素：钙、钾、镁、钠、硫、磷、氯 微量元素：铜、铁、锰、锌、钴、碘、硒、钼

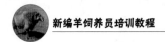

二、各类饲料的营养特性

（一）各种牧草的营养特性

1. 豆科牧草的营养特性

豆科牧草所含的营养物质丰富、全面。特别是干物质中粗蛋白质占 12%~20%，含有各种必需氨基酸，蛋白质的生物学价值高，钙、磷、胡萝卜素和维生素都较丰富。豆科牧草的青草粗纤维的含量较少，柔嫩多汁，适口性好，容易消化。无论青草还是干草都是羊最喜欢采食的牧草之一。

（1）苜蓿草　苜蓿草所属的植物在世界上共有 60 多种。其中具代表性的草种有：紫花苜蓿、黄花苜蓿、金花菜等，紫花苜蓿的种植面积较广，适应性强、产量高、品质好、适口性好，称为"牧草之王"。苜蓿干草中含粗蛋白质在 18% 左右，是各类家畜的上等饲料，苜蓿为多年生植物，每年能收割 2~4 次，每亩（1 亩 ≈ 667 米 ^{2}）可产鲜草 3 000~5 000 千克。人工种植的苜蓿主要用于刈割，用作青草和晒制干草。但不宜用作放牧地。这是因为苜蓿地用作放牧地时，一是家畜踩踏严重，牧草浪费较大。二是苜蓿中含有一种有毒物质——皂素（皂），在青饲料或放牧采青中容易使羊中毒，发生瘤胃臌气，抢救不及时会造成死亡。特别是幼嫩苜蓿，空腹放牧和雨后放牧更容易中毒，发病快，死亡率高。

（2）黄芪属牧草　又名紫云英属，世界上约有 1 600 种，其主要的代表品种有紫云英、沙打旺、百脉根、柱花草等。在我国栽培的主要有南方的紫云英、北方的沙打旺。

紫云英又名红花草，在我国的南方种植较广泛，紫云英牧草产量高，蛋白质含量丰富，且富含各种矿物质元素和维生素，鲜嫩多汁，适口性好。鲜草的产量一般为每亩 1 500~2 500 千克，一年可收割 2~3 次。现蕾期牧草的干物质中的粗蛋白质的含量很高，可达 31.76%；粗纤维的含量较低只有 11.82%。紫云英无论是青饲、青贮和干草都是羊较好的饲草。

沙打旺又名直立黄芪、薄地草、麻豆秧、苦草。其生长迅速，产量高，再生力强，耐干旱，适应性好，是饲料、固沙、水土保持的优良牧草品种。在我国北方地区的河北、河南、山东、陕西、山西、吉林等地广泛栽培。一般每亩可产鲜草2 100~3 000千克，高的可达5 000千克左右。沙打旺茎叶鲜嫩，营养丰富，干物质中粗蛋白质的含量可达14.55%。无论青饲还是青贮、干草都是羊较好的饲草。

（3）红豆草　是一个古老的栽培品种，在我国许多地方都有种植，具有产草量高、适口性好、抗寒耐旱和营养价值高的特点，饲喂牛羊不会产生鼓胀病，饲喂安全，是羊喜食的牧草品种。红豆草为多年生牧草，寿命为7~8年，为种子繁殖。产草高峰在第二至第四年。在合理的栽培管理下可维持6~7年的高产。有关资料表明，红豆草第一年至第七年每亩的产量分别为1 633.4千克，2 865千克，3 666.8千克，3 444.2千克，3 133.4千克，2 700.1千克1 667.5千克，每年刈割三次。粗蛋白质的含量为14.45%~24.75%，无氮浸出物的含量为37.58%~46.01%，钙的含量较高，在1.63%~2.36%。

2. 禾本科牧草的营养特性

禾本科牧草种类很多，是羊的主要采食的牧草。因其分布广，在所有牧草中占的比重有非常重要的位置，如粗蛋白质含量低；但良好的禾本科牧草营养价值往往不亚于豆科牧草，富含精氨酸、谷氨酸、赖氨酸、聚果糖、葡萄糖、果糖、蔗糖等，胡萝卜素含量亦高。

（1）黑麦草　在世界上有二十多种，其中有经济价值的为多年生黑麦草和一年生黑麦草。黑麦草在我国南方各地试种情况良好，在我国北方也有种植。黑麦草生长快，分蘖多，繁殖力强，刈割后再生能力强、耐牧，茎叶柔嫩光滑，适口性好，营养价值高，是羊较好的饲草。黑麦草喜湿润性气候，易在夏季凉爽、冬季不过于寒冷的地方栽培，一般年降水量在500~1 000毫米的地区均可种植，每亩的播种量为1 000~1 500千克。黑麦草的产量较高，春播当年可刈割一次，翌年盛夏可刈割2~3次，每亩总产量为4 000~5 000千克，在土壤条件好的牧地可产鲜草7 500千克以上。用黑麦草喂羊时应在抽穗前刈割花前期干物质中的粗蛋白质的含量为15.3%粗纤维的含量为24.6%。利用期推迟，干物质中的粗蛋白质减少，粗纤维含量增加，消化率下降，饲用价值降低。在我国中部及北部一年一熟的农业种植地区可推行以黑麦草—大豆，黑麦草—玉米，黑麦草—油葵等种植制度，这样不仅可以解决羊春季的饲草，还可以实现一年两熟制，提高农田单位面积的生物总产量。

（2）无芒雀麦　又名雀麦、无芒麦、禾萱草，为世界最重要的禾本科牧草之一，在我国的东北、西北、华北等地均有分布。无芒雀麦是一种适应性广、生命力强，适口性好、饲用价值高的牧草，也是一种极好的水土保持植物，并耐旱，为禾本科牧草中抗旱最强的一种牧草，无芒雀麦属多年生牧草，有地下茎，能形絮结草皮，耐践踏，再生力又强，刈、牧均宜，是建立打草场和放牧场的优良牧草。无芒雀麦春季生长早，秋季生长时间长，可供放牧时间长，采用轮牧较连续放牧对草地的利用效果要好。无芒雀麦每亩的播种量为1~2千克，每年可收割两次，每亩可产青草3 000千克。在营养生长期干物质中的粗蛋白质的含量为20.4% 抽穗期的粗蛋白质含量为14%；种子成熟期的粗蛋白质含量较低，为5.3%。

（3）羊草　又名碱草，是我国北方草原地区分布很广的一种优良牧草。在东北、内蒙古高原、黄土高原的一些地方，羊草多为群落的优势种或建群种。羊草由于适应性强、饲用价值高、容易栽培、抗寒耐旱耐盐碱、耐践踏，是我国重点推广的优良牧草品种。它既行有性繁殖，又行无性繁殖，有性繁殖靠种子播种每亩播种量为2.5~3.5千克。无性繁殖靠根茎的伸长的新芽，由芽长成新株，形成大片密集群丛。羊草主要供放牧和割草用。晒制的干草品质优良，干物质中粗蛋白质的含量为13.53%~18.53%，无氮浸出物为22.64%~44.49%，是冬季很好的饲草，干草的产量因条件不同差别很大，在肥水充足、管理良好的条件下，每亩可产干草250~300千克，最高的可达500千克（鲜草1 700~2 000千克）。

（4）披碱草　又名野麦草，广泛分布于我国的东北、西北和华北等地区成为草原植被中重要组成部分，有时出现单纯的植被群落，是我国主要的禾本科牧草品种之一。具有适应性强、抗旱、耐寒、耐瘠、耐碱、耐涝等特点。披碱草为多年生植物，利用期为4~5年，其中以第二、第三年长势最好，产量最高；第四年以后的生长逐渐衰退，产量下降。披碱草在春夏秋冬都播种，播种前需将种子脱芒，每亩的播种量为1~2千克。披碱草可供放牧和刈割晒制干草，每年割1~2次，每亩可产干草 200~300 千克，干草中粗蛋白质的含量为 7.45%，无氮浸出物为 33.79%。

（5）象草 又名紫狼尾草，是一种高秆牧草品种，株高可达 2 米以上，是我国南方主要种植的牧草品种之一。象草具有产量高、管理粗放、利用期长、适口性好的特点，是羊青饲料的主要来源之一。象草的生长期为 3~4 年，生长期长，刈割次数多，在生长旺期，每隔20~30 天刈割一次，一般每亩可产鲜草 1 500~2 500 千克。干草中粗蛋白质的含量为 10.58%，无氮浸出物为 44.7%。

3. 菊科牧草的营养特性

菊科牧草主要有普那菊苣。普那菊苣是新西兰 20 世纪 80 年代初选育的饲用植物新品种。山西省农业科学院畜牧兽医研究所于 1988 率先引进，1997 年全国牧草品种审定委员会评审认定为新品种，品种登记号为 182。该品种为多年生草本植物，生长速度快，产量高，每亩可产鲜草 6 000~10 000 千克。开花初期含粗蛋白质为 14.73%，适口性好，羊非常喜欢吃。

（二）秸秆类饲料的营养特性

1. 玉米秸秆

玉米是我国种植面积较广的农作物品种，玉米秸秆以收获方式分为收获籽实后的黄玉米秸秆或干玉米秸秆籽实未成熟即行青刈的称为青刈玉米秸秆青刈玉米秸秆的营养价值高于黄玉米秸秆，青嫩多汁，适口性好，胡萝卜素含量较多，为 3~7 毫克 / 千克。可青喂、青贮和晒制干草供冬春季饲喂。青刈玉米秸秆干草中粗蛋白质的含量为 7.1%，粗纤维为 25.8%，无氮浸出物为 40.6%。黄玉米秸秆具有光滑的外皮，质地坚硬，粗纤维含量较高，维生素缺乏，营养价值较低，粗蛋白质的含量为 2%~6.3%，粗纤维的含量为 34% 左右。但由于羊对饲料中粗纤维的消化能力较强，消化率在 65% 左右，对无氮浸出物的消化率亦在 60% 左右，且玉米的种植面积广，秸秆的产量高，所以玉米秸秆仍为舍饲羊的主要饲草之一，生长期短的春播玉米秸秆比生长期长的玉米秸秆粗纤维含量少，易消化。同一株玉米，上部的比下部的营养价值高，叶片较茎秆营养价值高，玉米秸秆的营养价值又稍优于玉米芯。

2. 稻草

稻草是我国南方农区主要的饲料来源，其营养价值低于麦秸。粗纤维的含量为34%左右，粗蛋白质的含量为3%~5%。稻草中含硅较高，达12%~16%，因而消化率低，钙质缺乏，单纯喂稻草效果不佳，应进行饲料的加工处理。

3. 麦秸

麦类秸秆是难消化，质量较差的粗饲料。小麦秸是麦类秸秆中产量较高的秸秆饲料，小麦秸秆粗纤维的含量较高，并有难利用的硅酸盐和蜡制，羊单纯采食麦秸类饲料，饲喂效果不佳，容易上火（有的羊饲用麦秸后口角溃疡，群众俗称"上火"）。在麦秸中燕麦秸、荞麦秸的营养价值高，适口性也好，是羊的好饲料。

4. 谷草

谷草是粟的秸秆，也就是谷子的秸秆，质地柔软厚实，营养丰富，可消化粗蛋白质及消化总养分较麦秸、稻草高，在禾谷类饲草中，谷草的主要用途是制备干草，供冬春季饲用，是骡、马的优质饲草。但对羊来说长期饲喂谷草不上膘，有的羊可能消瘦，按群众的说法：谷草属凉性饲草，羊吃了会拉膘（即掉膘）。

5. 豆秸

豆秸是各类豆科作物收获籽实后的秸秆的总称，它包括大豆、黑豆、豌豆、蚕豆、豇豆、绿豆等的茎叶，它们都是豆科作物成熟后的副产品。豆秸在收获后叶子大部分已凋落，即使有一部分叶子，也已枯黄，茎也多木质化，质地坚硬，粗纤维含量较高，但粗蛋白质含量和消化率较高仍是羊的优质饲草。在籽实收获的过程中，经过碾压，豆秸被压扁，豆荚仍保留在豆秸上，这样使得豆秸的营养价值和利用率都得到提高。青刈的大豆秸叶的营养价值近似紫花苜蓿。在豆秸中蚕豆秸和豌豆秸的蛋白质的含量最多，品质最好。

6. 花生藤、甘薯藤及其他蔓秧类

花生藤和甘薯藤都是收获地下根茎后的地上茎叶部分，这些藤类虽然产量不高，但茎叶柔软，适口性好，营养价值和采食率、消化率都高。花生藤、甘薯藤干物质中粗蛋白质的含量分别为16.4%和26.2%，是羊极好的饲草。其他蔓秧类如西红柿秧、茄子秧、南瓜秧、豆角秧、豇豆藤、马铃薯藤等藤秧类无论从适口性还是从营养价值方面都是羊的好饲草，应当充分利用。

（三）精饲料（籽实类饲料及加工副产品）的营养特性

精饲料是富含无氮浸出物与消化总养分、粗纤维低于18％的饲料。这类饲料含蛋白质有高有低，包括谷实、油饼与磨房工业副产品。精饲料可分为：碳源饲料与氮源饲料，即能量饲料和蛋白质饲料。

1. 谷实类饲料（能量饲料）

能量饲料是主要利用其能量的一些饲料。其蛋白质含量低于20％，含粗纤维低于18％，能量饲料的主体是谷物饲料。有些蛋白质补充料含有较高的能量，也是能量饲料的范畴，但由于其主要的营养特点是蛋白质的含量高，用于饲料中的蛋白质补充，故划分在蛋白质饲料类。

谷实类饲料是精饲料的主体，含大量的碳水化合物（淀粉含量高），粗纤维的含量少，适口性好，粗蛋白质的含量一般不到10％，淀粉占70％左右，粗脂肪、粗纤维及灰分各占3％左右，水分一般占13％左右，由于淀粉含量高，故将谷实类饲料又称为能量饲料，能量饲料是配合饲料中最基本的和最重要的饲料，也是用量最大的饲料，谷实类饲料是羊在所采食的饲料（包括草）中虽占的比例不大，但却是羊最主要的补饲饲料。谷实类饲料的饲用方法一般是稍加粉碎即可，不宜过细，以免影响羊的反刍。最常用和最经济的谷实类饲料有以下几种。

（1）玉米 是谷实类饲料中的代表性饲料，是所有精饲料中应用最多的饲料。玉米产量高，适口性好，营养价值也高，玉米干物质中粗蛋白质的含量在7％左右，粗纤维的含量仅为1.2％，无氮浸出物高达73.9％；消化能也高，大约为每千克15兆焦。但玉米所含的蛋氨酸、胱氨酸、钙、磷、维生素较少，在饲料的配合中应和其他饲料配合，使日粮营养达到平衡。

（2）高粱 是重要的精饲料，营养价值和玉米相似。主要成分为淀粉，粗纤维少，可消化养分高，粗蛋白质的含量为7％~8％，但质量差，含有单宁，有苦味，适口性差，不易消化，高粱中含钙少，含磷多，粗纤维含量也少；烟酸含量多，并含有鞣酸，有止泻作用，饲喂量大是容易引起便秘。

（3）大麦　是一种优质的精饲料，其饲用价值比玉米稍佳，适口性好，饲料中的粗蛋白质含量为12%，无氮浸出物占66.9%，氨基酸的含量和玉米差不多钙、磷的含量比玉米高，胡萝卜素和维生素D不足，硫胺素多，核黄素少，烟酸的含量丰富。

（4）燕麦　是一种很有价值的饲料，适口性好，籽实中含有较丰富的蛋白质，粗蛋白质的含量在10%左右，粗脂肪的含量超过4.5%，比小麦和大麦多一倍以上，燕麦的主要成分为淀粉。但燕麦的粗纤维含量高，在10%以上，营养价值高于玉米。燕麦含钙少，含磷多；胡萝卜素、维生素D、烟酸含量比其他的麦类少。

2. 糠麸类饲料

糠麸类饲料是谷实类饲料经制粉、碾米加工的主要副产品，同原料相比无氮浸出物较低，其他各种营养成分的含量普遍高于原料的营养成分，特别是粗蛋白质、矿物质元素和维生素含量较高，是羊很好的饲料来源之一。常用的糠麸类饲料有麦麸、米糠、稻糠、玉米糠。

麦麸是糠麸类饲料中用量最大的饲料，广泛用于各种畜禽的配合日粮中，麦麸具有适口性好、质地蓬松、营养价值高、使用范围广的特点和轻泻作用。饲料中的粗蛋白质的含量在11%~16%，含磷多，含钙少，维生素的含量也较丰富。麦麸具有轻泻作用。在夏季可多喂些麸皮，可起到清热泻火的作用，由于麦麸中的含磷量多，采食过多会引起尿道结石，特别是公羊表现比较明显，公羔表现更为突出，麦麸在饲料中的比例一般应控制在10%~15%，公羔的用量应少些。

稻糠是水稻的加工副产品，包括砻糠和米糠。砻糠是粉碎的稻壳，米糠是去壳稻粒的加工副产品，是大米精制时产生的果皮、种皮、外胚乳和糊粉层等的混合物。砻糠的体积较大，质地粗硬，不宜消化，营养价值低于米糠，由于稻糠带芒，作为羊的饲料是带芒的稻壳容易黏附在羊的胃壁上，形成一层稻壳膜，影响羊的正常消化，甚至致病、消瘦、死亡，故饲喂稻糠时一定要粉碎细致。米糠的营养价值高，新鲜米糠适口性也好，在羊的日粮中可占到15%左右。

3. 饼粕类饲料（蛋白质饲料）

粗蛋白质在 20% 以上的饲料归为蛋白质饲料。饼粕类饲料是富含油的籽实经加工榨取植物油后的加工副产品，蛋白质的含量较高，是蛋白质饲料的主体。通常含较多的蛋白质（30%~45%），适口性较好，能量也高，品质优良，是羊瘤胃中微生物蛋白质的氮的前身。羊可以利用瘤胃中的微生物将饲料中的非蛋白氮合成菌体蛋白，所以在羊的一般日粮中蛋白质的需求量不大。但蛋白质饲料仍是羊饲料中必不可少的饲料成分之一，特别是对于羔羊的生长发育期、母羊的妊娠期的营养需求显得特别重要。这些饲料主要有以下几种：

（1）豆饼、豆粕 是我国最常用的一种植物性蛋白质饲料营养价值高，价格又较鱼粉及其他动物性蛋白质饲料低，是畜禽较为经济和营养较为合理的蛋白质饲料，一般来说豆粕较豆饼的营养价值高，含粗蛋白质较豆饼高 8%~9%。大豆饼（粕）较黑豆饼（粕）的饲喂效果好。在豆饼（粕）的饲料中含有一些有害物质和因子，如抗胰蛋白酶、尿素酶、血球凝集素、皂角苷、甲状腺诱发因子、抗凝固因子等，其中最主要的是抗胰蛋白酶。饲喂这些饲料时应进行加工处理。最常用的方法是在一定的水分条件下进行加热处理，经加热后这些有害物质将失去活性，但不宜过度加热，以免影响和降低一些氨基酸的活性。

（2）棉籽饼 是棉籽提取后的副产品，一般含粗蛋白质 32%~37%，产量仅次于豆饼。是反刍家畜的主要蛋白质饲料来源。棉籽饼的饲用价值与豆饼相比，蛋白质的含量为豆饼的 79.6%，消化能也低于豆饼，粗纤维的含量较豆饼高，且含有有毒物质棉酚，在饲喂非反刍畜禽时使用量不可过多，喂量过多时容易引起中毒。但对于牛、羊来说，只要饲喂不过量就不会发生中毒，且饲料的成本较豆饼便宜，故在养羊生产中被广泛应用。

（3）菜籽饼 是菜籽经加工提炼后的加工副产品，是畜禽的蛋白质饲料来源之一。粗蛋白质的含量在 20% 以上，其营养价值较豆饼低。菜籽饼中含有有毒物质芥子苷或称含硫苷（含量一般在 6% 以上），各种芥子苷在不同的条件下水解，会形成异硫氰酸酯，严重影响适口性，采食过多会引起中毒。羊对菜籽饼的敏感性较强，饲喂时最好先对菜籽饼进行脱毒处理。

（4）花生饼　饲用价值仅次于豆饼，蛋白质和能量都比较高，粗蛋白质的含量为38%，粗纤维的含量为5.8%。带壳花生饼含粗纤维在15%以上，饲用价值较去壳花生饼的营养价值低，但仍是羊的好饲料。花生饼的适口性较好，本身无毒素，但易感染黄曲霉素，易导致黄曲霉致病，贮藏时要注意防潮，以免发霉。

（5）胡麻饼　是胡麻种子榨油后的加工副产品，粗蛋白质的含量在36%左右，适口性较豆饼差，较菜籽饼好，也是胡麻产区养羊的主要蛋白质饲料来源之一。胡麻饼饲用时最好和其他的蛋白质饲料混合使用，以补充部分氨基酸的不足。单一饲喂容易使羊的体脂变软。

（6）向日葵饼　简称葵花饼，是油葵及其他葵花籽榨取油后的副产品。去壳葵花饼的蛋白质含量可达46.1%，不去壳葵花饼粗蛋白质的含量为29.2%。葵花饼不含有毒物质，适口性也好，虽不去壳的葵花饼的粗纤维含量较高，但对羊来说是营养价值较好和廉价的蛋白质饲料。

4. 块根、块茎和瓜类饲料

块根、块茎类饲料属于适口性较好、水分含量较高的饲料。根据这些饲料的营养特性可分为薯类饲料和其他块根、块茎饲料。这些饲料是羊冬季补饲的好饲料。但在养羊中不是羊主要的饲料，用量不大，故简单介绍如下。

薯类是我国的主要杂粮品种，包括甘薯、马铃薯和木薯。这些杂粮不仅可以作为人类的粮食，还可作为羊和其他家畜禽的饲料。薯类饲料具有产量高、水分含量高、淀粉含量高、适口性好、生熟饲喂均可的特点。按其干物质中营养成分的含量属于精饲料中的能量饲料。甘薯、马铃薯、木薯干物质中无氮浸出物的含量分别为88.21%，77.6%和92.15%；粗纤维的含量非常低，在2.5%~4.4%。饲料的消化利用率较高。薯类饲料在饲喂中应注意：甘薯出现的黑斑薯有苦味，含有毒性酮；马铃薯表皮发绿，有毒的茄素含量剧烈增加，饲喂后会出现畜禽中毒现象。木薯中含有一定量的氰氢酸，过多食用也会引起氰氢酸中毒。

萝卜是蔬菜品种，人畜均可食用，具有产量高、水分大、适口性好、维生素含量丰富的特点，是羊的维生素饲料补充料。胡萝卜还含有若干量的蔗糖和果糖，故具甜味，是羔羊和冬季母羊维生素的主要来源，饲喂效果良好；甜菜是优良的制糖和饲料作物品种，根、茎、叶的饲用价值较高，是羊的优良多汁饲料。其他块根、块茎类饲料还有菊芋、芜菁、甘蓝等，都是多汁、适口性好和饲用价值较高的饲料品种。

在瓜类饲料中最常用的是南瓜，它既是蔬菜，又是优质高产的饲料作物。由于其营养丰富，无氮浸出物的含量较高，糖类含量较多，适口性好，常被用作羊冬季的补饲饲料。

5.树叶、灌木和其他饲料林产品饲料

羊几乎可采食所有的树叶，无论是青绿状态的树叶，还是干树叶，对羊来说都是很好的饲料。树叶不仅适口性好而且营养价值高，有的树叶是羊的蛋白质和维生素的来源之一。树叶虽是粗饲料，但粗纤维的含量低于其他粗饲料，营养价值也远比其他的粗饲料要高得多，甚至有的树叶的饲喂效果可和精饲料相比。如洋槐叶的干物质中粗蛋白质的含量达29.9%，槐树叶、榆树叶、杨树叶的干物质中粗蛋白质的含量也在22%以上，远远超过禾谷类饲料中的蛋白质的含量。灌木也是羊的饲料来源，灌木不仅叶是羊的饲草，而且细枝也可被羊采食利用，所以灌木在山区养羊业中占有重要的地位。灌木的利用主要是在春夏季节，春季牧草返青前，灌木的枝条、嫩枝都是羊的采食对象，是羊在青黄不接时的不可多得的饲草和保命草。灌木的利用对于山羊来说更显得重要。在山区其他树木的枝、叶、果实也是羊的饲料和饲草资源，如松树、柏树的松籽、粕籽都是羊极好的饲料，它不仅含有较高的蛋白质和其他营养物质，而且还具有特殊的香味，使羊肉也具有特殊的风味，松针可制成松针粉在羊的配合饲料中使用。

6.糟渣类饲料

糟渣类饲料是植物加工的副产品饲料，几乎所有的植物加工的副产品都可以作为羊的饲料。如制酒的副产品有啤酒糟、酒糟、制糖的副产品甜菜渣、甘蔗渣、糖浆还有醋渣，豆腐渣、粉渣等。这些可利用的饲料中有的含粗蛋白质丰富，有的无氮浸出物含量高，有的可以直接被羊利用，有的通过加工可以被羊利用，是羊冬季补饲和舍饲养羊的饲料来源之一。

（1）啤酒糟　是以大麦为主要原料制取啤酒后的副产品，是麦芽汁的浸出渣。干啤酒糟的营养价值和小麦麸相当，粗蛋白质的含量为22.2%，无氮浸出物的含量为42.5%。啤酒酵母的干物质中粗蛋白质的含量高达53%，品质也好；无氮浸出物的含量为23.1%；含磷丰富；钙的含量较低。

（2）酒糟　是用淀粉含量较多的原料，如玉米、高粱和薯类经酿酒后的副产品。由于酒糟中的可溶性碳水化合物发酵成醇被提取，其他营养成分如粗蛋白质、粗脂肪、粗纤维与灰分等的含量相应就提高，而无氮浸出物的含量相应降低，但能量值下降得不多，在营养上仍属能量饲料的范围。以玉米为原料的酒糟干物质中的粗蛋白质的含量为16.6%，以高粱为原料的干酒糟中粗蛋白质的含量达24.5%。酒糟的营养价值还受一些副料的影响，如受稻壳或玉米芯的影响，降低了酒糟的营养价值。酒糟的营养含量稳定，但不完全，属于热性饲料，容易引起便秘。同时由于酒糟中水分含量较高，残留的醇类物质也多，过多饲喂容易引起酒精中毒，故饲喂前应进行晾晒。对含有稻壳的酒糟最好粉碎后饲喂，以免引起羊的瘤胃消化不良。

（3）甜菜渣　是甜菜中提取糖分后的副产品，主要成分为无氮浸出物和粗纤维，在干物质中粗蛋白质的含量为9.6%，粗纤维的含量为20.1%，无氮浸出物为64.5%。甜菜渣的适口性好，是羊的多汁饲料，饲喂时应配合一些蛋白质的饲料。

（4）豆腐渣　是各种豆类经加工磨制豆腐后的副产品，富含各种营养，适口性好，饲喂方便，无论是鲜喂还是干喂，饲喂效果较好。同时豆腐渣的成本较低，粗蛋白质的含量为28.3%，粗纤维为12%，无氮浸出物为34.1%，粗纤维为13.9%。根据毛杨毅关于豆腐渣的试验资料表明，在羊的育肥补饲日粮中，1千克干物质的豆腐渣的饲喂效果与1千克的玉米的饲喂效果相比，无论在经济效益方面还是在增重方面的效果都好于玉米。在冬季将豆腐渣和草粉或其他精饲料混合饲喂效果较好。

（四）非蛋白质饲料

最常用的非蛋白质氮是尿素，含氮46%左右，白色颗粒，微溶于水。蛋白质的当量为288%，即1克尿素相当于2.88克的蛋白质，或

1 千克尿素加上 6 千克的玉米，相当于 7 千克的豆饼。尿素的饲喂量：尿素在日粮的含量不超过其干物质的 1%，每只成年绵羊每天 13~18 克，每只 6 月龄以上的青年绵羊每天 8~12 克。

1. 尿素的饲喂方法

（1）直接拌入饲料中饲喂　把尿素均匀地拌入含有谷物精料和蛋白质精料的混合饲料中饲喂。

（2）在青贮料中添加　在青贮的同时按青贮料湿重的 0.5% 添加。

（3）与青干草混合饲喂　在冬季舍饲的条件下，将尿素溶液喷洒在铡碎的青干草上饲喂。

（4）做成尿素精料砖　供羊舔食。

2. 饲喂尿素注意的问题

① 饲喂尿素应逐渐增加，一般要经过 5~7 天的适应期。

② 饲喂不能间断，要坚持每天饲喂。

③ 小羔羊因瘤胃功能不全不能喂。

④ 饲喂尿素的日粮中要有足够的能量饲料。

⑤ 在有尿素的混合料中，不能含有生大豆和其他种类的豆类、苜蓿、胡枝子的种子。因这些饲料中含有尿素酶，会将尿素分解为氨和二氧化碳，氨可降低羊对饲料的采食量，降低蛋白质的水平。

⑥ 防止过量饲喂，以免发生尿素中毒。

（五）矿物质饲料

1. 食盐

食盐是羊及各种动物不可缺少的矿物质饲料之一，它对于保持生理平衡、维持体液的正常渗透压有着非常重要的作用。食盐还可以提高羊的适口性，增强食欲，具有调味作用。羊无论是夏季、还是冬季和其他季节都应不断的饲喂食盐。食盐的用量一般占风干日粮的 1%。最常用的饲喂方法是将食盐直接拌入精料中，或者将盐砖放在运动场让羊自由舔食。在放牧阶段，每隔 7 天左右舔一次盐。羊缺碘时食欲下降，采食牧草量减少，体重增加缓慢，啃碱土，啃土过多时会引起消化道疾病，拉稀消瘦。

2. 石粉

石粉主要指石灰石粉，是天然的碳酸钙，一般含钙 35%，是最便宜、最方便和来源最广的矿物质饲料。只要石灰石粉中的铅、汞、砷、氟的含量在安全范围之内都可以作为羊的饲料。

3. 膨润土

膨润土是指钠基膨润土，资源丰富，开采容易，成本低，使用方便，容易保存。膨润土含有多种微量元素。这些元素能使酶和激素的活性或免疫反应发生显著的变化，对羊的生长有明显的生物学价值。

4. 磷补充饲料

磷的补充饲料主要有磷酸氢二钠、磷酸氢钠，磷酸氢钙，在配合饲料中的主要作用是提供磷和调整饲料中的钙磷比例，促进钙和磷的吸收和合理利用。

第三节　羊日粮的配制方法

羊的日粮配合是指在满足其营养物质需要的前提下，经济有效地利用各种饲料进行科学搭配。日粮配合应以青粗饲料和当地饲料为主，适当搭配精饲料，并注意饲料的体积和适口性。日粮配合的依据主要是饲养标准。在进行日粮配合时，还应考虑饲料的来源和价格，以降低饲料成本。

一、配合饲料的优点

（一）营养价值高，适合于集约化生产

配合饲料是根据羊在不同生长阶段的营养需要和饲养标准，经过科学配方加工配制而成。因此大大提高了饲料中各种营养成分的利用率，使之营养全面，生物学价值高，消化利用率高，适合羊各个生理阶段的科学饲养。

（二）扩大了饲料来源，发展了节粮型畜牧业

科学配制饲料是选用数种或多种不同种类的饲料，相互补充，取长补短，达到营养平衡。根本目的是合理利用饲料资源，以最低成本换取最大经济效益，为社会提供优质、无污染的绿色食品和其他畜产品。从某种意义上讲，没有饲料的科学配制，就没有低成本、高效益

的规模化、标准化羊生产，也就没有绿色的羊肉食品。

（三）适应于规模化、标准化的羊生产

配合饲料可以用现代先进的加工技术进行大批量工业化生产，便于运输和贮存，适应规模化生产发展，特别适合规模化、标准化羊产业的需要。

二、日粮配合的依据与原则

（一）日粮配合的一般原则

在舍饲条件下，配合羊的日粮，应遵循如下原则。

① 必须根据羊在不同饲养阶段的营养需要量进行配制，并结合饲养实践做到灵活应用，既有科学性，又有实践性。

② 根据羊的消化生理特点，合理地选择多种饲料原料进行搭配，并注意饲料的适口性，采取多种营养调控措施，以提高羊对粗纤维性饲料的采食量和利用率，实行日粮优化设计。

③ 要尽量选用当地来源广、价格便宜的饲料来进行配合日粮，以降低饲料的成本。

④ 饲料选择应尽量多样化，以起到饲料间养分的互补作用，从而提高日粮的营养价值，提高日粮的利用率。

⑤ 日粮原料必须卫生，绝对不能饲喂发霉、变质的饲料。

⑥ 对日粮的原料，有条件的话要有一定的储备，以免造成原料中断，从而改变日粮配方，造成羊的应激反应。

（二）日粮配方的依据

1. 饲养标准

饲养标准是根据羊消化代谢的生理特点、生长发育、生产的营养需要，以及饲草饲料的营养成分和饲养经验，制定出的羊在不同生理状态下和生产水平下，对不同营养物质的相对需要量，是科学养羊的依据。

2. 饲料的营养成分

在舍饲养羊生产中，羊所需要的营养物质完全由人工控制，饲料中的营养成分是否能满足羊的生长和生产的需要，与养羊业的经济效益的关系十分密切，所以必须按照羊的营养需求和饲草中营养成分的

含量，来合理调配饲料中的营养成分含量。

羊常用饲料的营养成分可以查表得到。

三、日粮配合方法与步骤

在舍饲条件下，羊的日粮要求营养全面，能够满足其不同生理阶段的营养需要。因此，在配制日粮时，除了参照羊的饲养标准，注意饲草饲料就地取材、品种多种多样、质量上乘、优质廉价和以粗饲料为主等原则外，还要掌握日粮的具体配制方法。现举例说明如下。

现有野干草、玉米秸粉、玉米粗面、豆饼、麸皮、骨粉、食盐、胡萝卜等几种饲料，如何配制体重 40 千克泌乳期肉用母羊日粮呢?

第一步：查阅饲养标准表

经查阅《羊饲养标准》得知，体重 40 千克泌乳期母羊的饲养标准为：干物质 1.6 千克，代谢能 16 兆焦，粗蛋白质 255 克，食盐 14 克，钙 8 克，磷 5.5 克，胡萝卜素 19 毫克。

第二步：计算日粮中粗饲料的营养量

在粗饲料质量较差的情况下，羊日粮中粗饲料的比例为 60%：40% 较适宜，因此，日粮中粗饲料野干草和玉米秸粉的干物质含量为 0.96 千克(1.6 千克 ×60%)，折合成实物为 1.06 千克。如果玉米秸和野干草各喂 50%，则每种粗饲料每日喂 0.53 千克。经查阅羊用饲料营养成分表，便可算出野干草和玉米秸的营养量：代谢能 7.23 兆焦，粗蛋白质 78.5 克，钙 2.9 克，磷 0.48 克。

第三步：求出日粮中精饲料的营养量

用饲养标准的数值减去日粮粗饲料的营养量，就是日粮精饲料的营养量。经计算，精饲料的营养量为：干物质为 0.64 千克，代谢能为 8.77 兆焦，粗蛋白质为 176.5 克，钙为 5.1 克，磷为 5.02 克。

第四步：求出日粮中精饲料各种成分的比例

因日粮精饲料干物质含量为 0.64 千克，折合成实物为 0.71 千克。用试差法计算，设 0.71 千克精饲料中有玉米粗粉 0.28 千克、豆饼 0.32 千克、麸皮 0.11 千克，经查阅饲料营养价值表，就可计算出三种饲料的营养量合计为：代谢能 8.73 兆焦、精蛋白质 177.5 克、钙 1.33 克、磷 3.05 克。这些数值中，代谢能及粗蛋白质与饲养标准的要求基本相符，钙、磷不足，只要再添加适量的钙、磷和胡萝卜素就可以了。经计算，日粮中再添加12克骨粉和30克胡萝卜就可以达到要求。

第五步：列出日粮饲料配方表

根据前面计算的结果列出日粮饲料配方表，见表3-2。

表3-2　体重40千克母羊日粮配方表

饲料	饲喂量（千克）	占日粮比例（%）
野干草	0.53	29
玉米秸粉	0.53	29
玉米粗粉	0.28	15.3
豆饼	0.32	17.5
麸皮	0.11	6.0
骨粉	0.01	0.7
胡萝卜	0.03	1.6

四、羊全混合日粮（TMR）颗粒饲料

羊全混合日粮（TMR）是根据羊在不同生长发育阶段的营养需要，按营养专家设计的日粮配方，用特制的搅拌机对日粮各组分进行搅拌、切割、混合和饲喂的一种先进的饲养工艺，现在已经可以制成颗粒型TMR全价配合饲料。

（一）羊TMR颗粒饲料的优点

① 保证各营养成分均衡供应。TMR颗粒饲料各组分比例适当，混合均匀，反刍动物每次吃进的TMR干物质中，含有营养均衡、精粗比适宜的养分，瘤胃内可利用碳水化合物与蛋白质分解利用更趋于同步，有利于维持瘤胃内环境的相对稳定，使瘤胃内发酵、消化、吸收和代谢正常进行，因而有利于提高饲料利用率，减少消化道疾病、食欲不良及营养应激等。

② 有利于充分利用当地的农副产品和工业副产品等饲料资源。某些利用传统方法饲喂适口性差。转化率低的饲料，如鱼粉、棉籽粕、糟渣等经过TMR技术处理后适口性得到改善，有效防止羊挑食，可以

提高干物质采食量和日增重，降低饲料成本。

③ 便于应用现代营养学原理和反刍动物营养调控技术，有利于大规模工厂化饲料生产，制成颗粒后有利于贮存和运输，饲喂管理省工省时，不需要另外饲喂任何饲料，提高了规模效益和劳动生产率。另外，减少了饲喂过程中的饲料浪费、粉尘等问题。

④ 采食 TMR 的反刍动物，与同等情况下精粗料分饲的动物相比，其瘤胃液的 pH 值稍高，因而更有利于纤维素的消化分解。

⑤ 调制和制粒过程中产热破坏了淀粉，使得饲料更易于在小肠消化。颗粒料中大量糊化淀粉的存在，将蛋白质紧密地与淀粉基质结合在一起，生成瘤胃不可降解的蛋白，即过瘤胃蛋白，可直接进入肠道消化，以氨基酸的形式被吸收，有利于反刍动物对蛋白氮的消化吸收。若膨化后再制粒更可显著增加过瘤胃蛋白的含量。

（二）TMR 颗粒饲料饲喂时的注意事项

1. 饲喂量的控制

采食量的控制，明显影响羊的生长情况。喂得过饱，不仅不能使羊快速健康的生长，反而会造成饲料的浪费。喂得太少，羊得不到生长所需营养的浓度或许还会消瘦。因此采食量的控制是非常重要的。原则是要让羊吃最适量的饲料，摄取均衡的营养，达到最高的日增重，从而提高整体效益。而采食量又由个体大小、体重、饥饿程度、采食时间、粪便等情况决定的。绵羊的采食量要比山羊高点。每天山羊的采食量占山羊体重的 2.5%~5%，随着羊体重的增加，羊所需饲料和体重的比例将逐渐变小。例如一只 12.5 千克重的羊饲喂总量定为 0.5~0.625 千克/天为宜，一般按体重的 4.8% 计算，再如一只 20 千克左右的羊每天的采食量大概在 0.75~0.85 千克；约体重的 4.2%，采食时间大概可以控制在 30~40 分钟；一般控制在（7~8 分饱）；粪便情况排除驱虫的影响，如果还存在粪便不成形的现象，则说明饲喂量过高了，导致消化不良，形成营养过剩，从而造成饲料的浪费。

2. 供给充足饮水

羊的平均饮水量大概是采食量的 2~3 倍。因此要确保羊有充足的干净饮水。此外，不同季节、不同气温，羊的饮水量也不相同。特别值得注意的是冬季水温要高于 5℃，但是要低于 40℃。切记不要给羊喝冰冻水。在饮水方面一定注意不能少，羊使用 TMR 颗粒饲料时，由于颗粒饲料含水量较低，羊只所需要的水分靠饮水摄取，有些养殖户忽略了饮水的重要性，疏于饮水的供给，导致羊只生产性能下降。曾有一家养殖户，每天只是在早晚饲喂时间照顾羊只，其他时间不闻不问，最后羊只缺水了饲养员都不知道，一开始羊只日增重接近 350 克，但后来由于缺水羊只的平均日增重只有 150~200 克严重影响了养殖效益。

3. 在合适的温度条件下使用

温度是影响动物生存、健康、繁殖与生产的主要外界环境因素之一。只有在一定的温度条件下使用羊 TMR 颗粒饲料，才能充分发挥遗传潜力、表现良好的生产性能。温度过高或过低，都会使其生产水平下降，甚至危及健康和生命安全。因此，羊舍的温度对舍饲羊特别是羔羊至关重要。冬季保温、夏季降温是羊舍环境管理的第一要务。据有关研究资料，我国细毛羊的抓膘气温为 8~22℃，最好适宜的抓膘气温 14~22℃；掉膘极端低温 −5℃，极端高温 25℃以上。绵羊对高温的临界耐受力为 25℃。超过这个临界温度，羊就会出现食欲减退、掉膘消瘦、呼吸喘促、抵抗力下降等情况，更为严重者，导致患病乃至死亡。夏季羊舍降温可通过采取遮阳网，降低饲养密度，舍内喷雾降温等办法来实现。

第四节　羊饲料的加工、贮存与饲喂

一、精饲料的加工利用

（一）能量饲料的加工

能量饲料干物质的 70%~80% 是由淀粉组成的，所含粗纤维的含量也较低，营养价值较高，是适口性比较好的饲料。能量饲料加工的主要目的是提高饲料中淀粉的利用效率和便于进行饲料的配合，促进饲料消化率和饲料利用率的提高。能量饲料的加工方法比较简单，常用的方法有以下几种。

1. 粉碎和压扁

粉碎是能量饲料加工中最古老和使用最广泛、最简便的方法。其作用是用机械的方法引起饲料细胞的物理破坏，使饲料被外皮或壳所包围的营养物质暴露出来，利于接受消化过程的作用，提高这些营养物质的利用效果。如玉米、高粱、小麦、大麦等饲料，常采用粉碎的方法进行饲料的加工，通过粉碎破坏了饲料硬的外皮，增加了饲料的表面积，使饲料与消化液的接触更充分，消化更完全彻底。但是，饲料粉碎的粒度不应太小，否则影响羊的反刍，容易造成消化不良。一般要求将饲料粉碎成两半或 1/4 颗粒即可。谷类饲料也可以在湿、软状态下压扁后直接喂羊或者晒干后喂羊，同样可以起到粉碎的饲喂效果。

2. 水浸

水浸饲料的作用，一是使坚硬的饲料软化、膨胀，便于采食利用；二是使一些具有粉尘性质的饲料在水分的作用下不能飞扬，减小粉尘对呼吸道的影响和改善饲料的适口性。一般在饲料的饲喂前用少量的水将饲料拌湿放置一段时间，待饲料和水分完全渗透，在饲料的表面上没有游离水时即可饲喂，注意水的用量不宜过多。

3. 液体培养——发芽

液体培养的作用是将谷物整粒饲料在水的浸泡作用下发芽，以增加饲料中某些营养物质的含量，提高饲喂效果。谷粒饲料发芽后，可使一部分蛋白质分解成氨基酸、糖分、维生素与各种酶增加，纤维素增加。如大麦发芽前几乎不含胡萝卜素，经浸泡发芽后胡萝卜素的含量可达 93~100 毫克 / 千克，核黄素含量提高 10 倍，蛋氨酸的含量增加 2 倍，赖氨酸的含量增加 3 倍。因此发芽饲料对饲喂公羊、母羊和羔羊有明显的效果。一般将发芽的谷物饲料加到营养贫乏的日粮中会有所助益的，日粮营养越贫乏，收益越大。

（二）蛋白质饲料的加工利用

蛋白质饲料不仅具有能量饲料的一些特性，如低纤维、能量较高、适口性好等，而且更主要的是其蛋白质含量高，所以称为蛋白质饲料或蛋白质补充饲料。蛋白质饲料分为动物性蛋白质饲料和植物性的蛋白质饲料，植物性蛋白质饲料又可分为豆类饲料和饼类饲料。不同种类饲料的加工方法不一样，现分别介绍如下。

1. 豆类蛋白质饲料的加工

豆类饲料含有一种叫作抗胰蛋白酶的物质，这种物质在羊的消化道内与消化液中的胰蛋白酶作用，破坏了胰蛋白酶的分子结构，使酶失去生物活性，从而影响饲料中营养物质消化吸收，造成饲料蛋白质的浪费和羊的营养不足。这种抗胰蛋白酶在遇热时就变性而失去活性，因此在生产中常用蒸煮和焙炒的方法来破坏大豆中的抗胰蛋白酶，不仅提高了大豆的消化率和营养价值，而且增加了大豆蛋白质中有效的蛋氨酸和胱胺酸，提高了蛋白质的生物学价值。但有的资料表明，对于反刍家畜，由于瘤胃微生物的作用，不用加热处理。

2. 豆饼饲料的加工

豆饼根据生产的工艺不同可分为熟豆饼和生豆饼，熟豆饼经粉碎后可按日粮的比例直接加入饲料中饲喂，不必进行其他处理，生豆饼由于含有抗胰蛋白酶，在粉碎后需经蒸煮或焙炒后饲喂。豆饼粉碎的细度应比玉米要细，便于配合饲料和防止羊的挑食。

3. 棉籽饼的加工

棉籽饼含有丰富的可消化粗蛋白质、必需氨基酸，基本上和大豆粕的营养相当，还含有较多的可消化碳水化合物，是能量和蛋白质含量都较高的蛋白质饲料。但是棉籽饼中含有较多的粗纤维，还有一定量的有毒物质，所以在饲喂猪、家禽等单胃动物时受到一定的限制，而主要作为羊、牛等反刍家畜的蛋白质饲料。棉籽饼中的有毒物质是棉酚，这是一种复杂的多酚类化合物，饲喂过量时容易引起中毒，所以在饲喂前一定要进行脱毒处理，常用的处理方法有水煮法和硫酸亚铁水溶液浸泡法。

4. 菜籽饼的加工

菜籽饼是油菜产区的菜籽油的加工副产品，应用受两个不利的因素影响，一是菜籽饼含有苦味，适口性较差；二是菜籽饼含有含硫葡萄糖苷，这种物质在酶的作用下，裂解生成多种有毒物质，饲喂和处理不当就会发生饲料中毒。这些有毒的物质是致甲状腺肿大的噻唑烷硫酮（OET）、异硫氰酸酯（ITC）、芥籽苷等。因此对菜籽饼的脱毒处理显得十分重要。菜籽饼的脱毒处理常用的方法有两种：土埋法和氨、

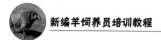

碱处理法。

（三）薯类及块茎块根类饲料的加工利用

这类饲料的营养较为丰富，适口性也较好，是羊冬季不可多得的饲料之一。加工较为简单，应注意以下 3 个方面。

① 特烂的饲料不能饲喂。

② 要将饲料上的泥土洗干净，用机械或手工的方法切成片状、丝状或小块状，块大时容易造成食道堵塞。

③ 不喂冰冻的饲料。饲喂时最好和其他饲料混合饲喂，并现切现喂。

二、干草调制与贮存

人工栽培牧草及饲料作物、野青草在适宜时期收割加工调制成干草，降低了水分含量，减少了营养物质的损失，有利于长期贮存，便于随时取用，可作为肉羊冬春季节的优质饲料。

（一）干草的收割

青饲料要适时收割，兼顾产草量和营养价值。收割时间过早，营养价值虽高，但产量会降低，而收割过晚会使营养价值降低。所以，适时收割牧草是调制优质干草的关键。一般禾本科牧草及作物，如黑麦草、苇状羊茅、大麦等，应在抽穗期至开花期收割；豆科牧草，如紫花苜蓿、三叶草、红豆草等，在开花初期到盛花期；另外，收割时还要避开阴雨天气，避免晒制和雨淋使营养物质大量损失。

（二）干草的调制

适当的干燥方法，可防止青饲料过度发热和长霉，最大限度地保存干草的叶片、青绿色泽、芳香气味、营养价值以及适口性，保证干草安全贮藏。要根据本地条件采取适当的方法，生产优质的干草。

1. 平铺与小堆晒制结合

青草收割后采用薄层平铺暴晒 4~5 小时使草中的水分由 85% 左右减到约 40%，细胞呼吸作用迅速停止，减少营养损失。水分从 40% 减到 17% 非常慢，为避免长久日晒或遇到雨淋造成营养损失，可堆成高 1 米、直径 1.5 米的小垛，晾晒 4~5 天，待水分降到 15%~17% 时，再堆于草棚内以大垛贮存。一般晴日上午把草割倒，就地晾晒，夜间回潮，次日上午无露水时搂成小堆，可减少丢叶损失。在南方多雨地区，可建简易干草棚，在棚内进行小堆晒制。棚顶四周可用立柱支撑，建于通风良好的地方，进行最后的阴干。

2. 压裂草茎干燥法

用牧草压扁机把牧草茎秆压裂，破坏茎的角质层膜和表皮及微管束，让它充分暴露在空气中，加快茎内的水分散失，可使茎秆的干燥速度和叶片基本一致。一般在良好的空气条件下，干燥时间可缩短1/2~1/3。此法适合于豆科牧草和杂草类干草调制。

3. 草架阴干法

在多雨地区收割苜蓿时，用地面干燥法调制不易成功，可以采用木架或铁丝架晾晒，其中干燥效果最好的是铁丝架干燥，其取材容易，能充分利用太阳热和风，在晴天经 10 天左右即可获得水分含量为12%~14% 的优质干草。据报道，用铁丝架调制的干草，比地面自然干燥的营养物质损失减少17%，消化率提高 2%。由于色绿、味香，适口性好，肉羊采食量显著提高。铁丝架的用材主要为立柱和铁丝。立柱由角钢、水泥柱或木柱制成，直径为 10~20 厘米，长 180~200 厘米。每隔 2 米立一根，埋深 40~50 厘米，成直线排列（列柱），要埋得直，埋得牢，以防倒伏。从地面算起，每隔 40~45 厘米拉一横线，分为三层。最下一层距地面留出 40~45 厘米的间隔，以利通风。用塑料绳将铁丝绑在立柱或横杆上，以防挂草后沉重坠落。每两根立柱加拉一条对称的跨线，以防被风刮倒。大面积牧草地可在中央立柱，小面积或细长的地可在地边立柱。立柱要牢固，铁丝要拉紧和绑紧，以防松弛和倾倒。其作法可参照图 3-1。

4. 人工干燥法

常温鼓风干燥法：收割后的牧草田间晾到含水 50% 左右时，放到设有通风道的草棚内，用鼓风机或电风扇等吹风装置，进行常温吹风干燥。先将草堆成 1.5~2 米高，经过 3~4 天干燥后，再堆高 1.5~2 米，可继续堆高，总高不超过 4.5~5 米。一般每方草每小时鼓入300~350 米^3 空气。这种方法在干草收获时期，白天、早晨和晚间的相对湿度低于 75%，温度高于 15℃时可以使用。

高温快速干燥法：将牧草切碎，放到牧草烘干机内，通过高温

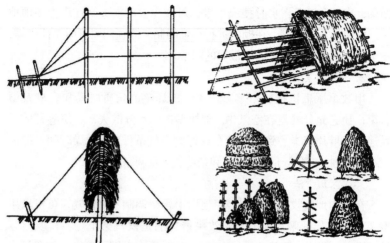

图 3-1 晒制干草的草架

空气，使牧草快速干燥。干燥时间取决于烘干机的种类、型号及工作状态，从几小时到几十分钟，甚至几秒钟，使牧草含水量从80%左右迅速降到15%以下。有的烘干机入口温度为75~260℃，出口为25~160℃；有的入口温度为420~1160℃，出口为60~260℃。虽然烘干机内温度很高，但牧草本身的温度很少超过30~35℃。这种方法牧草养分损失少。

（三）干草的贮藏与包装

1. 干草的贮藏

调制好的干草如果没有垛好或含水量高，会导致干草发霉、腐烂。堆垛前要正确判断含水量。具体判断标准见表3-3。

表3-3　判断干草含水量的方法

干草含水量	判断方法	是否适合堆垛
15%~16%	用手搓揉草束时能沙沙响，并发出嚓嚓声，但叶量丰富低矮的牧草不能发出嚓嚓声。反复折曲草束时茎秆折断。叶子干燥卷曲，茎上表皮用指甲几乎不能剥下	适于堆垛保藏

（续表）

干草含水量	判断方法	是否适合堆垛
16%~18%	搓揉草时没有干裂响声，而仅能沙沙响。折曲草束时只有部分植物折断，上部茎秆能留下折曲的痕迹，但茎秆折不断。叶子有时卷曲，上部叶子软。表皮几乎不能剥下	可以堆垛保藏
19%~20%	握紧草束时不能产生清脆声音，但粗黄的牧草有明显干裂响声。干草柔软，易捻成草辫，反复折曲而不断。在拧草瓣辫时挤不出水来，但有潮湿感觉。禾本科草表皮剥不掉。豆科草上部茎的表皮有时能剥掉	堆垛保藏危险
23%~25%	搓揉没有沙沙的响声。折曲草束时，在折曲处有水珠出现，手插入干草里有凉的感觉	不能堆垛保藏

　　现场常用拧扭法和刮擦法来判断，即手持一束干草进行拧扭，如草茎轻微发脆，扭弯部位不见水分，可安全贮存；或用手指甲在草茎外刮擦，如能将其表皮剥下，表示晒制尚不充分，不能贮藏，如剥不下表皮，则表示可将干草堆垛。干草安全贮存的含水量，散放为25%，打捆为20%~22%，铡碎为18%~20%，干草块为16%~17%。含水量高不能贮存，否则会发热霉烂，造成营养损失，随时可能引起自燃，甚至发生火灾。

　　干草贮藏有露天堆垛、草棚堆垛和压捆等方法，贮藏时应注意以下5个方面。

　　（1）防止垛顶塌陷漏雨　干草堆垛后2~3周内，易发生塌顶现象，要经常检查，及时修整。一般可采用草帘呈屋脊状封顶、小型圆形剁可采用尖顶封顶、麦秸泥封顶、农膜封顶和草棚等形式。

　　（2）防止垛基受潮　要选择地势高燥的场所堆垛，垛底应尽量避免与泥土接触，要用木头、树枝、石头等垫起铺平并高出地面40~50厘米，垛底四周要挖排水沟。

　　（3）防止干草过度发酵与自燃　含水量在17%~18%以上时由于植物体内酶及外部微生物的活动常引起发酵，使温度上升至40~50℃。适度发酵可使草垛坚实，产生特有的香味，但过度发酵会使干草品质下降，应将干草水分含量控制在20%以下。发酵产热温度上升到

80℃左右时接触新鲜空气即可引起自燃。此现象在贮藏 30~40 天时最易发生。若发现垛温达到 65℃以上时，应立即采取相应措施，如拆垛、吹风降温等。

（4）减少胡萝卜素的损失　堆或垛外层的干草因受阳光的照射，胡萝卜素含量最低，中间及底层的干草，因挤压紧实，氧化作用较弱，胡萝卜素的损失较少。贮藏青干草时，应尽量压实，集中堆大垛，并加强垛顶的覆盖。

（5）准备消防设施，注意防火　堆垛时要根据草垛大小，将草剁间隔一定距离，防止失火后全军覆没，为防不测，提前应准备好防火设施。

2. 干草的包装

有草捆、草垛、干草块和干草颗粒等 4 种包装形式。

（1）草捆　常规为方形、长方形。目前我国的羊草多为长方形草捆，每捆约重 50 千克。也有圆形草捆，如在草地上大规模贮备草时多为大圆形草捆，其直径可达 1.5~2 米。

（2）草垛　是将长草吹入拖车内并以液压机械顶紧压制而成。呈长方形，每垛重 1~6 吨。适于在草场上就地贮存。由于体积过大，不便运输。这种草垛受风吹日晒雨淋的面积较大，若结构不紧密，可造成雨雪渗漏。

（3）干草块　是最理想的包装形式。可实行干草饲喂自动化，减少干草养分损失，消除尘土污染，采食完全，无剩草，不浪费，有利于提高羊的进食量、增重和饲料转化效率，但成本高。

（4）干草颗粒　是将干草粉碎后压制而成。优点是体积小于其他任何一种包装形式，便于运输和贮存，可防止羊挑食和剩草，消除尘土污染。

另外，也有采用大型草捆包塑料薄膜来贮存干草的。

（四）干草的品质鉴别

干草品质鉴定方法有感官（现场）鉴定、化学分析与生物技术法，生产上常通过感官鉴定判断干草品质的好坏。

1. 感官鉴定

（1）颜色气味　干草的颜色是反映品质优劣最明显的标志，颜色深浅可作为判断干草品质优劣的依据。优质青干草呈绿色，绿色越深，营养物质损失越小，所含的可溶性营养物质、胡萝卜素及其他维生素越多，品质也越好。茎秆上每个节的茎部颜色是干草所含养分高低的标记，如果每个节的茎部呈现深绿色部分越长，则干草所含养分越高；若是呈现淡的黄绿色，则养分越少；呈现白色时，则养分更少，且草开始发霉；变黑时，说明已经霉烂。适时刈割的干草都具有浓厚的芳香气味，能刺激肉羊的食欲，增加适口性，若干草具有霉味或焦灼的气味，品质不佳。

（2）叶片含量　干草中叶片的营养价值较高。优良干草要叶量丰富，有较多的花序和嫩枝。叶中蛋白质和矿物质含量比茎多1~1.5倍，胡萝卜素多10~15倍，粗纤维含量比茎少50%~100%，叶营养物质的消化率比茎高40%。干草中的叶量越多，品质就越好。鉴定时可取一束干草，看叶量的多少，优良的豆科青干草叶量应占干草总重量的50%以上。

（3）牧草形态　初花期或初花期前刈割的干草中含有花蕾、未结实花序的枝条较多，叶量也多，茎秆质地柔软，适口性好，品质也佳。若刈割过迟，干草中叶量少，带有成熟或未成熟种子的枝条数目多，茎秆坚硬，适口性、消化率都下降，品质变劣。

（4）含水量　干草的含水量应为15%~18%。

（5）病虫害情况　有病虫害的牧草调制成的干草营养价值较低，且不利于家畜健康，鉴定时查其叶片上是否有病斑出现，是否带有黑色粉末等，如果发现带有病症，不能饲喂家畜。

2．干草分级

现将一些国家的干草分级标准（表3-4至表3-7）介绍如下，作为评定干草品质的参考。

内蒙古自治区制定的青干草等级标准如下。

一等：以禾本科草或豆科草为主体，枝叶呈绿色或深绿色，叶及花序损失不到5%，含水量15%~18%，有浓郁的干草香味，但由再生草调制的优良青干草，可能香味较淡。无砂土，杂类草及不可食草不超过5%。

二等：草种较杂，色泽正常，呈绿色或淡绿。叶及花序损失不到

10%，有香草味，含水量15%~18%，无砂土，不可食草不超过10%。

三等：叶色较暗，叶及花序损失不到15%，含水量15%~18%，有香草味。

四等：茎叶发黄或变白，部分有褐色斑点，叶及花序损失大于20%，香草味较淡。

五等：发霉，有霉烂味，不能饲喂。

表3-4　国外人工豆科干草的分级标准

	豆科（%）≥	有毒有害物（%）≤	粗蛋白质（%）≥	胡萝卜素（毫克/千克）≥	粗纤维（%）≤	矿物质（%）≤	水分（%）≤
1	90	–	14	30	27	0.3	17
2	75	–	10	20	29	0.5	17
3	60	–	8	15	31	1.0	17

表3-5　国外人工禾本科干草的分级标准

	豆科和禾本科（%）≥	有毒有害物（%）≤	粗蛋白质（%）≥	胡萝卜素（毫克/千克）≥	粗纤维（%）≤	矿物质（%）≤	水分（%）≤
1	90	–	10	20	28	0.3	17
2	75	–	8	15	30	0.5	17
3	60	–	6	10	33	1.0	17

表3-6　国外豆科和禾本科混播干草的分级标准

	豆科（%）≥	有毒有害物（%）≤	粗蛋白质（%）≥	胡萝卜素（毫克/千克）≥	粗纤维（%）≤	矿物质（%）≤	水分（%）≤
1	50	–	11	25	27	0.3	17
2	35	–	9	20	29	0.5	17
3	20	–	7	15	32	1.0	17

表 3-7 国外天然刈割草场干草的分级标准

	禾本科和豆科（％）≥	有毒有害物（％）≤	粗蛋白质（％）≥	胡萝卜素（毫克/千克）≥	粗纤维（％）≤	矿物质（％）≤	水分（％）≤
1	80	0.5	9	20	28	0.3	17
2	60	1.0	7	15	30	0.5	17
3	40	1.0	5	10	33	1.0	17

（五）干草的饲喂

优质干草可直接饲喂，不必加工。中等以下质量的干草喂前要铡短到 3 厘米左右，主要是防止第四胃易位和满足羊对纤维素的需要。为了提高干草的进食量，可以喂干草块。

肉羊饲喂干草等粗料，按每百千克体重计算以 1.5~2.5 千克干物质为宜。干草的质量越好，肉羊采食干草量越大，精料用量越少。按整个日粮总干物质计算，干草和其他粗料与精料的比例以 50：50 最合理。

三、青绿饲料的加工调制

青草是肉羊最好的饲草。天然牧草的产草量受到土壤、水分、气候等条件的影响。有条件的养殖场，可以种植优质牧草或饲料作物，以供给肉羊充足的新鲜饲草；也可以晒制青干草或制成青贮饲料，在冬春季节饲喂肉羊。

（一）豆科牧草

豆科牧草富含蛋白质，人工栽培相对较多，其中紫花苜蓿、沙打旺、红豆草等适合中原地区栽培，尤其紫花苜蓿，栽培面积广，营养价值高。豆科草有根瘤，根瘤菌有固氮作用，是改良土壤肥力的前茬作物。

1. 紫花苜蓿

注意选择适于当地的品种。播种前要翻耕土地、耙地、平整、灌足底水，等到地表水分合适时进行耕种，施足底肥，有机肥以 3 000~4 000 千克/亩为宜。一般在 9 月至 10 月上中旬播种，北部早，南部稍晚。播种量为 0.75~1 千克/亩，面积小可撒播或条播，行距为

30 厘米。每亩用 3~4 千克颗粒氮肥作种肥。播种深度以 1.5~2 厘米为好，土壤较干旱而疏松时播深可至 2.5~3 厘米。也可与生命力强、适口性好的禾本科草混播。因苜蓿种子"硬实"比例较大，播种前要作前处理。

科学的田间管理可保证较高的产草量和较长的利用期。紫花苜蓿苗期生长缓慢，杂草丛生影响苜蓿生长，应加强中耕锄草、使用除草剂、收割等措施。缺磷时苜蓿产量低，应在播前整地时施足磷肥，以后每年在收割头茬草后再适量追施 1 次磷肥。

紫花苜蓿的收割时期根据目的来定，调制青干草或青贮饲料时在初花期收获，青饲时从现蕾期开始利用至盛花期结束。收割次数因地制宜，中原地区可收 4~6 次，北方地区可收割 2~3 次，留茬高度一般 4~5 厘米，最后一茬可稍高，以利越冬。

苜蓿既可青饲，也可制成干草、青贮饲料饲喂。不同刈割时期的紫花苜蓿干草喂肉羊的效果不同。现蕾至盛花期刈割的苜蓿干草对肥育牛的增重效果差异不大，成熟后刈割的干草饲料报酬显著降低（表 3-8）。

表 3-8　不同生长期苜蓿干草对肉羊增重的影响　　　（千克）

生长期	每增重 50 千克需干草量	每亩干草产量	每亩获得羊体增重量
现蕾期	814	680.5	41.8
1/10 开花期	1043	886.3	41.5
盛花期	1 081.5	945.3	43.4
成熟期	1955	955.3	24.5

2. 沙打旺

它也叫直立黄芪，抗逆性强、适应性广、耐旱、耐寒、耐瘠薄、耐盐碱、抗风沙，是黄土高原的当家草种。播种前应精细整地和进行地面处理，清除杂草，保证土墒，施足底肥，平整地面，使表土上松下实，确保全苗壮苗。撒播播种量每亩 2.5 千克。沙打旺一年四季均可播种，一般选在秋季播种好。

沙打旺在幼苗期生长缓慢，易被杂草抑制，要注意中耕除草。雨涝积水应及时开沟排除。有条件时，早春或刈割后灌溉施肥能增加产量。

沙打旺再生性差，1年可收割两茬，一般用作青饲料或制作干草，不宜放牧。最好在现蕾期或株高达70~80厘米时进行刈割。若在花期收获，茎已粗老，影响草的质量，留茬高度为5~10厘米。当年亩产青草300~1 000千克，两年后可达3 000~5 000千克，管理不当3年后衰退。沙打旺有苦味，适口性不如苜蓿，不可长期单独饲喂，应与其他饲草搭配。沙打旺与玉米或其他禾本科作物和牧草青贮，可改善适口性。

3. 红豆草

最适于石灰性壤土，在干旱瘠薄的沙砾土及沙性土壤上也能生长。耐寒性不及苜蓿。不宜连作，须隔5~6年再种。清除杂草，深耕施足底肥，尤其是磷、钾肥和优质有机肥。单播行距30~60厘米，播深3~4厘米。生产干草单播行距20~25厘米，以开花至结荚期刈割最好。混播时可与无芒雀麦、苇状羊茅等混种。年可刈割2~4次，均以第一次产量最高，占全年总产量的50%。一般红豆草齐地刈割不影响分枝，而留茬5~6厘米更利于红豆草再生。红豆草的饲用价值可与紫花苜蓿媲美，苜蓿称为"牧草之王"，红豆草为"牧草皇后"。青饲红豆草适口性极好，效果与苜蓿相近，肉羊特别喜欢吃。开花后品质变粗变老，营养价值降低，纤维增多，饲喂效果差。

豆科还有许多优质牧草，如小冠花、百脉根、三叶草等。

（二）禾本科牧草

1. 无芒雀麦

适于寒冷干燥气候地区种植。大部分地区宜在早秋播种。无芒雀麦竞争力强，易形成草层块，多采取单播。条播行距20~40厘米，播种量1.5~2.0千克/亩，播深3~4厘米，播后镇压。栽培条件良好，鲜草产量可达3 000千克/亩以上，每次种植可利用10年。每年可刈割2~3次，以开花初期刈割为宜，过迟会影响草质和再生。无芒雀麦叶多茎少，营养价值很高，幼嫩无芒雀麦干物质中所含蛋白质不亚于豆科牧草。可青饲、青贮或调制干草。

2. 苇状羊茅

耐旱耐湿耐热，对土壤的适应性强，是肥沃和贫瘠土壤、酸性和碱性土壤都可种植的多年生牧草。苇状羊茅为高产型牧草，要注意深耕和施足底肥。一般春、夏、秋播均可，通常以秋播为多，播量为 0.75~1.25 千克 / 亩，条播行距 30 厘米，播深 2~3 厘米，播后镇压。在幼苗期要注意中耕除草，每次刈割后也应中耕除草。青饲在拔节后至抽穗期刈割；青贮和调制干草则在孕穗至开花期。每隔 30~40 天刈割 1 次，每年刈割 3~4 次。每亩可产鲜草 2 500~4 500 千克。苇状羊茅鲜草青绿多汁，可整草或切短喂羊，与豆科牧草混合饲喂效果更好。苇状羊茅青贮和干草，都是羊越冬的好饲草。

3. 象草

象草又名紫狼尾草，为多年生草本植物。栽培时要选择土层深厚、排水良好的土壤，结合耕翻，每亩施厩肥 1 500~2 000 千克作基肥。春季 2—3 月，选择粗壮茎秆作种用，每 3~4 节切成一段，每畦栽两行，株距 50~60 厘米。种茎平放或芽朝上斜插，覆土 6~10 厘米。每亩用种茎 100~200 千克，栽植后灌水，10~15 天即可出苗。生长期注意中耕锄草，适时灌溉和追肥。株高 100~120 厘米即可刈割，留茬高 10 厘米。生长旺季，25~30 天刈割一次，年可刈割 4~6 次，亩产鲜草 1 万 ~1.5 万千克。象草茎叶干物质中含粗蛋白质 10.6%，粗脂肪 2%，粗纤维 33.1%，无氮浸出物 44.7%，粗灰分 9.6%。适期收割的象草，鲜嫩多汁，适口性好，肉羊喜欢吃。适宜青饲、青贮或调制干草。

禾本科牧草还有黑麦草、羊草、披碱草、鸭茅等优质牧草，均是肉羊优良的饲草。

（三）青饲作物

利用农田栽培农作物或饲料作物，在其结实前或结实期收割作为青饲料饲用，是解决青饲料供应的一个重要途径。常见的有青割玉米、青割燕麦、青割大麦、大豆苗、蚕豆苗等。一般青割作物用于直接饲喂或青贮。青割作物柔嫩多汁，适口性好，营养价值比收获籽实后的秸秆高得多，尤其是青割禾本科作物其无氮浸出物含量丰富，用作青贮效果很好，生产中常把青割玉米作为主要的青贮原料。此外，青割燕麦、青割大麦也常用来调制干草。青割幼嫩的高粱和苏丹草中含有氰苷配糖体，肉羊采食后会在体内转变为氰氢酸而中毒。为防止中毒，宜在抽穗期收割，也可调制成青贮或干草，使毒性减弱或消失。

四、秸秆饲料的加工调制

秸秆饲料是农区冬季养羊的主要饲料之一。其利用的方式有两种：一种是不经加工直接用于饲喂，让羊随意采食。这种饲喂方式羊仅采食了叶片并因踩踏造成了大量的浪费，秸秆的采利用率仅为20%~30%，浪费现象十分严重。二是加工后用于饲喂。秸秆加工的目的就是要提高秸秆的采食利用率，增加羊的采食量，改善秸秆的营养品质。秸秆饲料常用的加工方法有以下几种。

（一）物理处理法

1. 切碎

切碎是秸秆饲料加工最常用和最简单的加工方法，是用铡刀或切草机将秸秆饲料或其他粗饲料切成 1.5~2.5 厘米的碎料。这种方法适用于青干草和茎秆较细的饲草。对粗的作物秸秆虽有一定的作用，但由于羊的挑食，致使粗的秸秆采食利用率仍很低。

2. 粉碎

用粉碎机将粗饲料粉碎成 0.5~1 厘米的草粉。但应注意的是粉碎的粒度不能太小，否则影响羊的反刍，不利用消化。草粉应和精饲料混合拌湿饲喂，发酵、氨化后饲喂效果更佳。草粉还可以一定的比例和精饲料混合后，用颗粒机压制成一定形状和大小的颗粒饲料，以利于咀嚼和改善适口性，防止羊挑食、减少饲草的浪费。这种颗粒饲料具有体积小，运输方便、易于贮存等优点。

（二）化学处理法

1. 氨化处理法

氨化处理法就是用尿素、氨水、无水氨及其他含氮化合物溶液，按一定比例喷洒或灌注于粗饲料上，在常温、密闭的条件下，经过一段时间闷制后，使粗饲料发生化学变化。这样处理后的饲料叫氨化饲料。氨化可提高粗饲料的含氮量，除去秸秆中的木质素，改善饲料的适口性，提高饲料的营养价值和采食利用率。氨化处理可分为尿素氨化法和氨水氨化法。

（1）尿素氨化法　尿素氨化的方式有挖坑法、塑料袋法、堆垛法和水缸法等，其氨化的原理一样。下面介绍挖坑法。

在避风向阳干燥处，依氨化饲料的多少，挖深 1.5~2 米、宽 2~4 米、长度不等的长方形的土坑，在坑底及四周铺上塑料薄膜，或用水泥抹面形成长久使用的坑。然后将新鲜秸秆切碎分层压入坑内，每层厚度为 30 厘米，并用 10% 的尿素溶液喷洒，其用量为每 100 千克的秸秆需 10% 的尿素溶液 40 千克。逐层压入、喷洒、踩实、装满，并高出地面 1 米。上面及四周仍用塑料薄膜封严，再用土压实，防止漏气，土层的厚度约为 50 厘米。在外界温度为 10~20℃时，经 2~4 周后即可开坑饲喂，冬季则需 45 天左右。使用时应从坑的一侧分层取料，取出的饲料经晾晒放净氨气味，待具香味时便可饲喂。饲喂量应由少到多逐渐过渡，以防急剧改变饲料引起羊消化道的疾病。

塑料袋氨化法、水缸氨化法和堆垛法尿素的使用量和坑埋法相同，装好后也要注意四周封闭严实，防止漏气。

（2）氨水氨化法　用氨水或无水氨化粗饲料，比尿素氨化的时间短，需要有氨源、容器及注氨管等。氨化的形式与尿素法相同。向坑内填压、踩实秸秆时，应分点填夹注氨塑料管，管直通坑外。填好料后，通过注氨管按原料重 12% 的比例注入 20% 的氨水，或按原料重 3% 的比例注入无水氨，温度不低于 20℃。然后用薄膜封闭压土，防止漏气。经 1 周后即可饲喂。取出的氨化饲料在饲喂前也要通风晾晒 12~24 小时放氨，待氨味消失后才能饲喂。此法能除去秸秆中的木质素，既可提高粗纤维的利用率，还可提高秸秆中的氮，改善其饲料营养价值。用氨水处理的秸秆，每千克营养价值可从 10 克增加到 25 克。有机质的消化率提高 4.7%~8%。其营养价值接近于中等品质的干草。用氨化秸秆饲喂羊，可促进增重，并可降低饲料的成本。

2．氢氧化钠及生石灰处理法

碱化处理最常用而简便的方法是氢氧化钠和生石灰混合处理。这种处理方法有利于瘤胃中的微生物对饲料的消化，提高粗饲料中有机物的消化率。其处理的方法是：将切碎的秸秆饲料分层喷洒 1.5%~2% 的氢氧化钠和 1.5%~2% 的生石灰混合液，每 100 千克秸秆喷洒 160~240 千克混合液，然后封闭压实。堆放 1 周后，堆内的温度达 50~55℃，即可饲喂。

（三）微生物处理法

微生物处理法分为干粗饲料发酵法、人工瘤胃发酵法、自然发酵法和利用担子菌法等。常用的方法如下。

1. 干粗饲料发酵法

将粗饲料粉碎后加入 2% 的发酵用菌种，用水将菌法化开后喷洒在切碎的秸秆饲料上，使秸秆饲料的水分达到用手握有水而不滴水的程度。然后上面盖上干草粉或麦秸，当内部的温度达 40℃左右时，上下翻动饲料 1 次，封闭 1~3 天即可饲喂。

2. 自然发酵法

将粉碎后的秸秆饲料中拌入适量的精饲料，然后用水浇湿拌匀，堆放压实，经 2~3 天后，堆内自然发酵，温度升高，待有发酵的香味时即可饲喂。每次将上次的发酵饲料拌入下次的草粉中，循环使用。经发酵后的饲料松软，有香味，适口性好，饲料的采食利用率高。

五、微干贮饲料的加工方法

微干贮就是用秸秆生物发酵饲料菌种对秸秆饲料进行发酵处理，达到提高秸秆饲料的利用率和营养价值目的的饲料加工方法。此方法是耗氧发酵和厌氧保存，和青贮饲料的制作原理不同。其菌种主要为发酵菌种、无机盐、磷酸盐等。每吨干秸秆或每 3 吨青贮料需加菌种 500 克。每吨干秸秆加水 1 吨，食盐 5 千克，麸皮 3 千克。青玉米秸秆可不加食盐，加水适量。饲料的加工方法如下。

（一）菌液的配制

将菌液倒入适量的水中，加入食盐和麸皮，搅拌均匀备用。微贮王活干菌的配制方法是将菌种倒入 200 毫升的自来水中，充分溶解后在常温下静置 1~2 小时。使用前将菌液倒入充分溶解的 1% 食盐溶液中拌匀。菌液应当天用完，防止隔夜失效。

（二）饲料加工

微干贮时先按青贮饲料的加工方法挖好坑，铺好塑料薄膜。饲料的切碎和装窖的方法和注意事项与青贮饲料相同，只是在装窖的同时将菌液均匀地洒在窖内切碎的饲料上，边洒、边踩、边装。装满后在饲料的上面盖上塑料布，但不密封，过3~5天，当窖内的温度达45℃以上时，均匀地覆土15~20厘米。封窖时窖口周围应厚一些并踩实，防止进气漏水。

（三）饲料的取用

窖内饲料经3~4周后变得柔软呈醇酸香味时即可饲喂。成年羊的饲喂量为每只每天2~3千克，同时应加入20%的干秸秆饲料和10%的精饲料混合饲喂。取用时的注意事项与青贮料相同。

第五节　青贮饲料的制作技术

一、青贮加工的特点与意义

（一）青贮加工的特点

制作青贮饲料是一项季节性、时间性很强的突击性工作，要求收割、运输、切碎、踩实、密封等操作连续进行，短时间完成。所以青贮前一定要做好各项前期的准备工作，包括青贮坑的挖建、原料装备、人员安排、机械的准备和必要用具、用品的准备等。青饲料经青贮后，保存了青饲料的养分，提高了饲料品质，质地变软，气味芳香，能增进食欲。粗蛋白质中非蛋白氮较多，碳水化合物中糖分减少，乳酸和醋酸增多。在制作青干草过程中，营养物质一般损失20%~30%，而在青贮过程中，损失一般不超过10%。特别是胡萝卜素和粗蛋白质损失极少。如果制作半干青贮料，能更好地保存营养物质和青饲料的营养特征。

（二）青贮加工的意义

1.有效地保存饲料原有的营养成分

饲料作物在收获期及时进行青贮加工保存，营养成分的损失一般不超过10%。特别青贮加工可以有效地保存饲料中的蛋白质和胡萝卜素；又如甘薯滕、花生蔓等新鲜时滕蔓上叶子要比茎秆的养分高1~2倍，在调制干草时叶子容易脱落，而制作青贮饲料时，富有养分的叶子可全部被保存下来，从而保证了饲料质量。同时，农作物在收获

110

期，尽管子实已经成熟，而茎叶细胞仍在代谢之中，其呼吸继续进行，仍然存在大量的可溶性营养物质，通过青贮加工，创造厌氧环境，可抑制呼吸过程，使大量的可溶性养分保存下来，以供动物利用，从而提高其饲用价值。

2. 青贮饲料适口性好，消化率高

青贮饲料经过微生物作用，产生了具有芳香的酸味，适口性好，可刺激草食动物的食欲、消化液的分泌和肠道蠕动，从而增强消化功能。在青贮保存过程中，可使牧草粗硬的茎秆得到软化，可以提高动物的适口性，增加采食量，提高消化利用率。

3. 制作青贮饲料的原材料广泛

玉米秸秆是制作青贮良好的原料，同时其他禾本科作物都可以用来制作良好的青贮饲料，而荞麦、向日葵、菊芋、蒿草等也可以与禾本科混贮生产青贮饲料，因而取材极为广泛。特别是羊不喜食的牧草或作物秸秆，经过青贮发酵后，可以改变形态、质地和气味，变成羊喜食的饲料。在新鲜时，有特殊气味和叶片容易脱落的作物秸秆，在制作干草时利用率很低，而把它们调制成青贮饲料，不但可以改变口味，而且可软化秸秆、增加可食部分的数量。制作青贮饲料是广开饲料资源的有效措施。

4. 青贮是保存饲料经济而安全的方法

制作青贮比制作干草占用的空间小。一般每立方米干草垛只能垛70千克左右的干草，而每立方米的青贮窖能保存青贮饲料450~600千克，折合干草100~150千克。在贮藏过程中，青贮料不受风吹、雨淋、日晒等影响，亦不会发生火灾等事故，是贮备饲草经济、安全、高效的方法。

5. 制作青贮饲料可减少病虫害传播

青贮饲料的厌氧发酵过程可使原料中所含的病菌、虫卵和杂草种子失去活力。减少植物病虫害的传播以及对家田的危害，有利于环境保护。

6. 青贮饲料可以长期保存

制作良好的青贮饲料，只要管理得当，可贮藏多年。因而制作青贮饲料，可以保证羊一年四季均衡地吃到优良的多汁饲料。

7. 调制青贮饲料受天气影响较小

在阴雨季节或天气不好时，干草制作困难，而对青贮加工则影响较小。只要按青贮条件要求严格掌握，就可制成优良的青贮饲料。

二、青贮原理

青贮是储备青绿饲料的一种方法，是将新鲜的青绿饲料填入密闭的青贮塔、青贮窖或其他的密闭容器内，经过微生物的发酵作用而使青贮料发生一系列物理的、化学的、生物的变化，形成一种多汁、耐贮、适口性好、营养价值高、可供全年饲喂的饲料，特别是作为羊冬季和舍饲羊的主要饲料之一。青贮发酵的过程可分为 3 个阶段。第一阶段是好氧活动。饲料植物原料装入窖内后活细胞继续呼吸，消耗青贮料间隙中的氧，产生二氧化碳和水，释放能或热量，同时好氧的酵母菌与霉菌大量的生长和繁殖。从原料装入到原料停止呼吸，变为嫌气状态，这段时间要求越短越好，可以迅速地减少霉菌和其他有害细菌对饲料的作用。第二阶段是厌氧菌——主要是乳酸菌和分解蛋白质的细菌以异常的速度繁殖，同时霉菌和酵母菌死亡，饲料中乳酸增加，pH 值下降到 4.2 以下。第三阶段是当酸度达到一定的程度、青贮窖内的蛋白质分解菌和乳酸菌本身也被杀死，青贮料的调制过程即可完成，各种变化基本处于一个相对稳定的环境状态，使饲料可以长时间的保存。

三、青贮的技术要点

（一）排除空气

乳酸菌是厌氧菌，只有在没有空气的条件下才能进行生长繁殖，如不排除空气，就没有乳酸菌存在的余地，而好气的霉菌、腐败菌会乘机滋生，导致青贮失败。因此在青贮过程中原料要切短（3 厘米以下）、压实和密封严，排除空气，创造厌氧环境，以控制好气菌的活动，促进乳酸菌发酵。

（二）创造适宜的温度

青贮原料温度在 25~35℃时，乳酸菌会大量繁殖，很快便占主导优势，致使其他杂菌都无法活动繁殖，若料温达 50℃时，丁酸菌就会生长繁殖，使青贮料出现臭味，以至腐败。因此，除要尽量压实、排除空气外，还要尽可能地缩短铡草装料等制作过程，以减少氧化产热。

（三）掌握好物料的水分含量

适于乳酸菌繁殖的含水量为70%左右，过干不易压实，温度易升高，过湿则酸度大，动物不喜食。70%的含水量，相当于玉米植株下边有3~5片叶子；如果二茬玉米全株青贮，割后可以晾半天，青黄叶比例各半，只要设法压实，即可制作成功；而进行秸秆黄贮，则秸秆含水量一般偏低，需要适当加入水分。判断水分含量的简易方法为：抓一把切碎的原料，用力紧握，指缝有水渗出，但不下滴为宜。

（四）原料的选择

用于青贮饲料的原料很多，如各种青绿状态的饲草、作物秸秆、作物茎蔓等。在农区主要是收获作物后的秸秆和其他无毒的杂草等。最常用的青贮原料是玉米秸秆和专用于青贮的玉米全株。对青贮原料的要求主要是原料要青绿或处于半干的状态，含水量为65%~75%，不低于55%。原料要无泥土、无污染。含水量少的作物秸秆不宜作为青贮的原料。我国青贮饲料的原料主要是收获玉米后的玉米秸秆，秸秆收割得越早越好。青贮过晚，玉米秸秆过干，粗纤维含量增加，维生素和饲料的营养价值降低。乳酸菌发酵需要一定的可溶性糖分，原料含糖多的易贮，如玉米秸、瓜秧、青草等，含糖少的难贮，如花生秧、大豆秸等。含糖少的原料，可以和含糖多的原料混合贮，也可以添加3%~5%的玉米面或麦麸等单贮。

（五）时间的确定

饲料作物青贮，应在作物籽实的乳熟期到蜡熟期时进行，即兼顾生物产量和动物的消化利用率。玉米秸秆的收贮时间，一看籽实成熟程度，乳熟早，枯熟迟，蜡熟正适时；二是青黄叶比例，黄叶差，青叶好，各占一半就嫌老；三看生长天数，一般中熟品种110天就基本成熟，套播玉米在9月10日左右，麦后直播玉米在9月20日左右，就应收割青贮。利用农作物秸秆进行黄贮时，要掌握好时机。过早会影响粮食产量；过晚又会使作物秸秆干枯老化、消化利用率降低，特别是可溶性糖分减少，影响青贮的质量。秸秆青贮应在作物籽实成熟后立即进行，而且越早越好。

四、青贮设施建设

适合我国农村制作青贮的建筑种类很多，主要是青贮窖（壕、池）、青贮塔、青贮袋以及草捆青贮、地面堆贮等。青贮塔、袋式青贮以及草捆青贮一般造价高，而且需要专门的青贮加工和取用设备；地面堆贮不易压实，工艺要求严格；而青贮窖造价较低，适于目前广大养殖场户采用。

（一）青贮窖（池、壕）

1. 窖址选择

青贮窖应选择建在地势较高、向阳、干燥、土质较坚实且便于存取的地方。切忌在低洼处或树荫下挖窖，还要避开交通要道、粪场、垃圾堆等，同时要求距离畜舍较近，以方便取用。并且四周应有一定的空地，以便于贮运加工。

2. 窖形设计

根据地形和贮量以及所用设备的效率等决定青贮窖的形状与大小。若设备效率高，每天用草量大，则以采用长方形窖为好；若饲养头数较少，则可用圆形窖。其大小视其所需贮存贮量而定。一般以长方形窖较为实用。

3. 建筑形式

建筑形式分为地下窖、半地下窖和地上窖，主要是根据地下水位、土壤质地和建筑材料而定。一般地下水位较低时，可修地下窖，此种形式加工制作极为方便，但取用时需上坡；地上窖耗材较多，则适合多数地区使用。

4. 建筑要求

青贮窖应建成四壁光滑平坦、上大下小的倒梯形。小型窖一般要求深度大于宽度，宽度与深度之比以（1~1.5）：2为宜。要求不透气、不漏水、坚固牢实。窖底部应呈锅底形，与地下水位保持50厘米以上的距离，四角圆滑。应用简易土窖时，应将四周夯实，并铺设塑料布。

5. 青贮的容重

青贮窖贮存容量与原料重量有关，各种青贮材料在容量上存在一定的差异，青贮整株玉米，每立方米容重为500~550千克；青贮去穗玉米秸，每立方米为450~500千克；人工种植及野生青绿牧草，每立方米重为550~600千克。

青贮窖截面的大小取决于每日需要饲喂的青贮量。通常以每日取料的挖进量不少于15厘米为宜。在宽度与深度确定后，根据需要青贮量，可计算出青贮窖的长度，也可根据青贮窖的容积和青贮原料的容重计算出所需青贮原料的重量。计算公式如下：

窖长（米）＝计划制作青贮量（千克）/｛[上口宽（米）+下底宽（米）] /2×深度（米）×每立方米原料的重量（千克）｝；

即：窖长（米）＝计划制作青贮量（千克）/[平均窖宽（米）×深度（米）×每立方米原料的重量（千克）]

圆形青贮窖容积（米^3）=3.14×青贮窖的半径（米）×青贮窖的半径（米）×窖深（米）

长方形窖容积（米^3）= 平均窖宽（米）×窖深（米）×窖长（米）

（二）青贮塔

青贮塔是现代规模养殖场利用钢筋水泥砌成的永久性青贮建筑物。一次性投资大，但占地少、使用期长，且制作的青贮饲料养分损失小，适用于规模青贮，便于机械化操作。青贮塔呈圆筒形，上部有锥顶盖，可防上雨淋入。塔的大小视青贮用料量而定，一般内径3~6米，塔高10~14米。塔的四壁要根据塔的高度设置2~4道钢筋混凝土圈梁，四壁墙厚度为36~24~18厘米，由下往上分段缩减，但内径平直，内壁需用厚2厘米水泥抹光。塔一侧每隔2米高开一个0.6米×0.6米的窗口，装时关闭，取料时敞开，原料全部由顶部装入。装料与取用都需要专用的机械作业。

（三）地面堆贮

这是最为简便的一种方法，选择干燥、平坦的地方，最好是水泥地面，四周用塑料薄膜盖严，也可以在四周垒上临时矮墙，铺一塑料薄膜后再装填青贮料，一般堆高1.5~2米，宽1.5~2米，堆长3~5米。顶部用泥土或重物压紧。地面堆贮多用于临时贮藏，贮量也可大可小，比较灵活，但需要机械镇压和严实密封。制作技术要求严格。

（四）塑料袋青贮

这种方法比较灵活，是目前国内外正在推行的一种方法。小型青贮袋能容纳几百千克，大的长 100 米，容纳量为数百吨。我国尚未有这种大袋，但有长、宽各 1 米，高 2.5 米的塑料袋，可装 750~1 000 千克玉米青贮。一个成品塑料袋能使用两年，在这期间内可反复使用多次。塑料袋的厚度最好为 0.9~1 毫米，袋边袋角要封黏牢固，袋内青贮沉积后，应重新扎紧，如果塑料袋是透明膜，则应遮光存放，并避开畜禽和锐利器具，以防塑料袋被咬破、划破等。塑料袋青贮，不需要永久性建筑，但用大型塑料袋青贮时需要配备专用的青贮加工设备。

五、青贮的制作方法

（一）贮前的准备

1. 青贮容器的选择

青贮坑应选择在地势较高、土质结实、排水良好、地面宽敞、离羊舍较近的地方。坑的大小依青贮料的多少而定。在农户饲养羊的数量不是太多的情况下，可挖深 1~2 米、宽度为 2~4 米、长度不限的青贮坑。坑的四周要平整，有条件时可用砖、水泥做成永久性的青贮坑，每年使用前将上年的饲草要清理干净。土坑四周铺上塑料薄膜，防止土混入饲料中，同时增加四周的密闭性。

2. 机械准备

铡草机、收割装运机械，并准备好密封用的塑料布。

（二）原料的装备

一旦要适时收割。收割过晚秸秆粗纤维增加，维生素和水分减少，营养价值也降低。二是收割、运输要快，原料的堆放要到位，保证满足青贮的需要。

（三）切碎

羊的青贮饲料切碎的长度为 1~2 厘米。切碎前一定要把饲料的根和带土的饲料去掉，将原料清理干净。

（四）装窖

装窖和切碎同时进行，边切边装。装窖注意 3 点：一是注意原料的水分含量。适宜的水分含量应为 65%~75%，水分不足时应加入水。适宜水分的作用是有利于饲料中的微生物的活动；有利于饲料保持一定的柔软度；有利于在水分的作用下使饲料增加密度，减少间隙，减少饲料中空气的含量，便于饲料的保存。二是注意饲料的踩压。在大型青贮饲料的制作时，有条件的可使用履带式拖拉机碾压，没有条件时组织人力踩压。要一层一层地踩实，每层的厚度为30厘米左右。特别是窖的四周一定要多踩几遍。三是装窖的速度要快，最好是当天装满、踩实、封窖。装窖时间过长时，容易造成好氧菌的活动时间延长，饲料容易腐败。

（五）密封严实

1. 青贮窖

当窖装满高出地面50~100厘米时，在经过多遍的踩压后，把窖四周的塑料薄膜拉起来盖在露出在地面上的饲料上，封严顶部和四周。然后压上50厘米的土层，拍平表面，并在窖的四周挖好排水沟。要确保封闭严实，不漏气、不渗水。封窖后要经常检查窖顶及四周有无裂缝，如有裂缝要及时补好，保证窖内的无氧状态。

2. 青贮塔青贮

把铡短的原料迅速用机械送入塔内，利用物料自然沉降将其压实。

3. 地面堆贮

先按设计好的锥形用木板隔挡四周，地面铺10厘米厚的湿麦秸，然后将铡短的青贮料装入，并随时踏实。达到要求高度，制作完成后，拆去围板。

4. 袋式青贮

用专用机械将青贮原料切短，喷入（或装入）塑料袋，排尽空气并压紧后扎口即可。如无抽气机，则应装填紧密，加重物压紧。

5. 整修与管护

青贮原料装填完后，应立即封埋，将窖顶做成隆凸圆顶，在四周挖排水沟。封顶后2~3天，在下陷处填土覆盖，使其紧实隆凸。

六、青贮饲料的品质鉴定

（一）感官鉴定

即通过"看看、闻闻、捏捏"的方法，对青贮料的色、香、味和质地进行辨别以判定其品质好坏（表3-9）。

表 3-9　青贮饲料感官鉴定表

品质等级	颜色	气味	酸味	质地、结构
优良	青绿或黄绿，有光泽，近似原来的颜色	芳香水果、酒酸味，给人以舒适感觉	浓	湿润、紧密，叶脉明显，结构完整
中等	黄褐色或暗褐色	有刺鼻醋酸味，香味淡	中等	茎叶花保持原状，柔软，水分稍多
低劣	黑色、褐色或暗墨绿色	有特殊刺鼻腐臭味或霉味	淡	腐烂、污泥状，黏滑或干燥或黏成块，无结构

（二）pH 测定

从被测定的青贮料中，取出具有代表性的样品，切短，在搪瓷杯或烧杯中装入半杯，加入蒸馏水或凉开水，使之浸没青贮料，然后用玻璃棒不断地搅拌，使水和青贮料混合均匀，放置 15~20 秒后，将水浸物经滤纸过滤。吸收滤得的浸出液 2 毫升，移入白瓷比色盘内，用滴瓶加 2~3 滴甲基红 - 溴甲酚绿混合指示剂，用玻璃棒搅拌，观察盘内浸出物颜色的变化。判断出近似的 pH 值，借以评定青贮饲料的品质（表 3-10）。

表 3-10　青贮饲料 pH 值测定

品质等级	颜色反应	近似 pH 值
优良	红、乌红、紫红	3.8~4.4
中等	紫、紫蓝、深蓝	4.6~5.2
低劣	蓝绿、绿、黑	5.4~6.0

七、青贮饲料的利用

（一）开窖饲喂

青贮 60 天后，待饲料发酵成熟、乳酸达到一定的数量、具备抗有害细菌和霉菌的能力后才可开窖饲喂。青贮质量好的青贮饲料，应有苹果酸或酒精香味，颜色为暗绿色，表面无黏液，pH 值在 4 以下。青贮料的饲喂要注意以下几点：一是发现有霉变的饲料要扔掉。二是开窖的面积不宜过大，以防暴露面积过大，好氧细菌开始活动，引起饲料变质。三是要随取随用，以免暴露在外面的饲料变质。取用时不要松动深层的饲料，以防空气进入。四是饲喂量要由少到多，使羊逐渐适应。在生产中有的养殖场（户）不了解青贮的原理和使用的要点，见饲料的表面有点发霉，怕饲料变质坏掉，就赶快把青贮窖上的塑料薄膜去掉并翻动，结果青贮饲料很快腐烂变质，造成了损失。

（二）喂量

青贮饲料的用量，应视动物的种类、年龄、用途和青贮饲料的质量而定。开始饲喂青贮料时，要由少到多，逐渐增加，给动物一个适应过程，习惯后再增加。青贮饲料具有轻泻性，妊娠母羊可适当减少喂量。饲喂青贮饲料后，要将饲槽打扫干净，以免残留物产生异味。

八、青贮饲料添加剂

为了提高青贮饲料的品质，可在制作青贮饲料的调制过程中，加入青贮饲料添加剂，用来促进有益菌发酵或者抑制有害微生物。常用的青贮饲料添加剂有微生物类、酸类防腐剂以及营养物质等。青贮饲料添加剂的应用，显著地提高了青贮特别是黄贮的效果，明显地改进了黄贮饲料的品质，但同时也增加了成本。因此，应在技术人员的指导下，根据实际需要，针对性地采用不同的青贮添加剂及其应用方法，以切实有效时利用青贮添加剂，获得更大的经济效益。

（一）发酵促进剂

1. 微生物添加剂

青贮能否成功，在很大程度上取决于乳酸菌能否迅速而大量地繁殖。一般青绿作物叶片上天然存在着少量乳酸菌。青贮过程中，若自然发酵，也可能会由于有害微生物的作用，使得青贮原料的营养物质损失过多，因此采用在青贮时加入乳酸菌菌种，可以促进乳酸菌尽快繁衍，产生大量乳酸，降低 pH，从而抵制有害微生物的活动，减少干物质损失，获得理想的青贮饲料。国外早在 20 世纪 50 年代就开展这一领域的研究，不少产品已经产业化。中国农业科学院饲料研究所已引进微生物青贮添加剂生产技术，并进行产业化生产。

2. 碳水化合物

有了足够的乳酸菌，还必须创造有利于其繁衍的适宜环境。除了保持密闭环境之外，乳酸菌还需要一定浓度的糖分作为营养。保证充分乳酸发酵的青贮原料其可溶性碳水化合物含量应高于 2%（鲜样），如果低于 2%，便有必要加入一些可溶性糖，以利发酵。目前，乳酸菌主要用于栽培牧草和饲料作物，因为这些原料具有足够数量的可溶性糖。实践上，乳酸菌往往与少量麸皮等混合制成复合添加剂，既有利于均匀添加，又能起到补充可溶性糖分的作用。这样可以使青贮发酵过程快速、低温、低损失，并能保证青贮饲料的稳定性。

3. 纤维酶制剂

对于秸秆类饲料，由于其纤维木质素含量较高，常结合采用多种纤维酶制剂。使用纤维素分解酶不仅可以把纤维物质分解为单糖，为乳酸菌发酵提供能源，而且还能改善饲料消化率，该类型的酶制剂主要包括纤维素酶、半纤维素酶、木聚糖酶、果胶酶等以及葡萄糖氧化酶，后者的目的是尽快消耗青贮容器内的氧气，形成厌氧环境。国外一些公司已经在我国注册和销售这些产品，我国也已经有此类产品的研究。由于不同饲料化学组成不同，酶的作用方式也会产生差异，因而应该针对不同原料，使用专用性的产品。

（二）发酵抑制剂

这是使用最早的一类青贮饲料添加剂，最初使用无机酸（如硫酸和盐酸），后来使用有机酸（如甲酸，丙酸等）和甲醛。加酸后，青贮料迅速下沉，易于压实；作物细胞的呼吸作用很快停止，有害微生物的活动很快得到抑制，减少了发热和营养损失；pH 值下降，杂菌繁殖受到抑制。但是，加酸会增加饲料渗液，也增加了牲畜酸中毒的可能性，应当采取相应的补救和防护措施。例如，减少青贮作物的含水量可以防止渗液，添加一些碳酸钙或小苏打可以缓和酸性。

各种酸的适宜加入量推荐如下。

（1）硫酸、盐酸　先用 5 倍水稀释，每 100 千克青贮加入 5~8 升稀释后的硫酸或盐酸。

（2）甲酸　每吨青贮料加甲酸约 3 千克。

（3）乙酸　可按青贮原料重量的 1% 左右加入。

（4）丙酸　一般多喷洒在青贮原料的表面，用以防霉，可按每平方米喷洒1升。

（三）防腐剂

防腐剂不能改善发酵过程，但能有效地防止饲料变质。常用的有丙酸、山梨酸、氨、硝酸钠、甲酸钠等。丙酸广泛用于贮藏谷物防腐中的微生物抑制剂，因此作为青贮饲料防腐剂效果也较好。使用方法可按每平方米青贮料加1升，喷洒在青贮表面。但是，丙酸不能抑制所有与青贮腐败有关的微生物，而且成本也比较高。据报道，有些植物组织（如落叶松针叶）含有植物杀菌素，有较好的防腐效果，又没有毒性。这类防腐剂可因地制宜开发使用。

（四）营养性添加剂

这类添加剂主要用来补充青贮饲料某些营养成分的不足，有些同时又能改善发酵过程。常用的这类添加剂包括尿素、盐类、碳水化合物等。尿素在瘤胃内分解出氨，再由瘤胃中的细菌合成蛋白质。据资料介绍，美国每年用作饲料的尿素超过100万吨，相当于600万吨豆饼所提供的氮素，这样大量饼类蛋白就可省下来用于饲喂单胃牲畜。尿素的加入量为青贮饲料的0.5%。

青贮饲料中加石灰石不但可以补充钙，而且可以缓和饲料的酸度。每吨青贮饲料中碳酸钙的加入量为4.5~5千克。丁酸菌对高渗透压非常敏感，而乳酸菌却较迟钝，添加食盐可提高渗透压，增加乳酸含量，减少乙酸和丁酸含量，从而改善青贮饲料质量。添加食盐还能改善饲料的适口性，增加饲料采食量。

可用作青贮饲料添加剂的其他无机盐类以及在青贮饲料中的添加量为：硫酸铜2.5克／吨、硫酸锰5克／吨、硫酸锌2克／吨、氯化钴1克／吨、碘化钾0.1克／吨。

（五）吸附剂

高水分原料青贮，或者使用酸添加剂时，青贮饲料流出物很多，不仅损失营养成分，而且会引起环境污染问题。添加吸附剂可减少流出物。但是，吸附剂的效果取决于原料的物理特性、添加方法、青贮窖的结构以及排水性能等多种因素。常用的吸附材料包括甜菜渣、秸秆、麸皮以及谷物等。

甜菜渣具有良好的水吸附能力，可以片状或颗粒状添加，一般在青贮原料装窖分层添加。添加后不仅可以减少青贮流出物量，还可以增加青贮饲料采食量，改善动物生产性能。秸秆也具有良好的吸水性，添加于青贮饲料，具有减少干物质损失，改善发酵品质，提高营养价值（采食量）等作用，并能提高秸秆本身的利用率。方法一般是分层添加。由于稻草糖分含量很低，发酵性较差，添加量不宜过高。据试验，秸秆添加比例以不超过原料的 10% 为宜。

技能训练

羊实验室青贮饲料的加工。

【目的要求】掌握实验室青贮饲料的加工技术要点及青贮饲料的管理。

【训练条件】准备好新鲜刈割的禾本科或豆科牧草若干；铡刀、青贮窖、电子天平、塑料方盆、压实木楔、胶带等。

思考与练习

1. 羊的饲料有哪些种类？
2. 怎样配制羊全混合日粮（TMR）颗粒饲料？
3. 青贮饲料制作成败的关键是什么？
4. 如何给羊饲喂青贮饲料？
5. 怎样鉴定青贮饲料品质的好坏？
6. 如何给羊饲喂青干草？

第四章　羊饲养管理技术

第一节　羔羊的饲养管理技术

一、羔羊饲养管理

1. 尽快吃上初乳

羔羊出生后要尽快吃上初乳（图 4-1），母羊产后 5 天以内的乳叫初乳，初乳中含有丰富的蛋白质（17%~23%）、脂肪（9%~16%）等营养物质和抗体，具有营养、抗病和轻泻作用。羔羊及时吃到初乳，对增强体质，抵抗疾病和排出胎粪具有很重要的作用。因此，应让初生羔羊尽量早吃、多吃初乳，吃得越早，吃得越多，增重越快，体质越强，发病少，成活率高。

图4-1　羔羊吃初乳

2.羔羊要早开食、早开料

羔羊在出生后10天左右就有采食饲料和饲草的行为（图4-2）。为促进羔羊瘤胃发育和锻炼羔羊的采食能力，在羔羊出生15天后应开始训练羔羊采食。将羔羊单独分出来组成一群，在饲槽内加入粉碎后的高营养、易消化的混合饲料和饲草。在饲喂过程中，要少喂勤添，定时定量，先精后粗。补草补料结束后，将槽内剩余的草料喂给母羊，把槽打扫干净，并将食槽翻扣，防止羔羊卧在槽内或将粪尿排在槽内。

图4-2　羔羊早开食、早开料

3. 羔羊哺乳后期

当羔羊出生 2 个月后，由于母羊泌乳量逐渐下降，即使加强补饲（图 4-3），也不会明显增加产奶量。同时，由于羔羊前期已补饲草料，瘤胃发育及机能逐渐完善，能大量采食草料，饲养重点可转入羔羊饲养，每日补喂混合精料 200~250 克，自由采食青干草。要求饲料中粗蛋白质含量为 13%~15%。不可给公羔饲喂大量麸皮，否则会引发尿道结石。

图 4-3　羔羊补饲

在哺乳时期要保持羊舍干燥清洁，经常垫铺褥草或干土，羔羊运动场和补饲场也要每天清扫，防止羔羊啃食粪土和散乱羊毛而发病。舍内温度保持在 5℃左右为宜。

4. 断奶

羔羊一般在 3.5~4 月龄采取一次性断奶，断奶后的羔羊可按性别、体质强弱、个体大小分群饲养（图 4-4）。在断奶前 1 周，对母羊要减少精饲料和多汁饲料的供给量，以防止乳房炎的发生。断乳后的羔羊，要单独组群放牧育肥或舍饲肥育（图 4-5），要选择水草条件好的草场进行野营放牧，突击抓膘。羊舍要求每天通风良好，冬天保暖防寒，保持清洁，净化环境，经常消毒。

图4-4　断奶羔羊

图4-5　断奶羔羊单独组群舍饲肥育

二、羔羊的育肥

肥羔生产具有生产周期短、成本低、充分利用夏秋牧草资源和生产的肉质好等特点，所以它成为近年来国外羊肉生产的主要方式。断奶后不作种用的羔羊可转入育肥期，育肥可采取放牧加补饲法，半牧半舍饲加补饲法，舍饲加补饲法进行肥育。

为了提高肥羔生产效益，必须掌握以下技术措施。

（一）选择育肥羔羊

羔羊来自早熟、多胎、生长快的母羊所生；也可以用肉用品种公羊来交配本地土种羊，生产一代杂种，利用杂种优势生产肥羔。如用陶赛特与本地羊杂交，生产的杂交一代（图4-6）；波尔山羊与当地母羊杂交生产的杂交一代（图4-7），这些杂交一代肥育效果都很好。

图4-6　陶赛特与本地羊杂交一代
双胎羔羊

图4-7　波尔山羊与当地羊杂交一代

合理安排母羊配种，多安排在早春产羔，这样可以延长生长期而增加胴体重。

母羊产后母仔最好一起舍饲15~20天。这段时间羔羊吃奶次数多，几乎隔1个多小时就需要吃一次奶。20天以后，羔羊吃奶次数减少，可以让羔羊在羊舍饲养，白天母羊出去放牧，中午回来奶一次羔。

（二）及时补饲

母羊泌乳量随着羔羊的快速生长而逐渐不能满足其营养需要，必须补饲，一般羔羊生后15天左右开始啃草，这时应喂一些嫩草、树叶等，枯草季节可喂些优质青干草。补饲精料时要磨碎，最好炒一下，并添加适量食盐和骨粉。补充多汁饲料时要切成丝状，并与精料混拌后饲喂（图4-8）。补饲量可做如下安排：15~30日龄的羔羊，每天补混合精料50~75克，1~2月龄补100克，2~3月龄补200克，3~4月龄补250克，每只羔羊在4个月哺乳期需补精料10~15千克。对青草的补饲可不限量，任其采食（图4-9）。

图4-8 羔羊补饲精料　　　　图4-9 羔羊自由采食树叶

对放牧肥育的羔羊而言，在枯草期前后也要进行补饲，可延长肥育期，提高胴体重量。对舍饲肥育羔羊要用全价配合饲料肥育，最好制成颗粒料饲喂，玉米可整粒饲喂，并注意充足饮水和矿物质的补饲。

（三）加强育肥羔羊的饲养管理

① 肥育前要驱除体内外的寄生虫，用虫克星0.2克/千克体重，盐酸左旋咪唑10毫克/千克体重。

② 按品种、性别、年龄、体况、大小、强弱合理进行分群，制订

育肥的进度和强度。公羔可免去势育肥，若需去势宜在 2 月龄进行，去势后要加强管理。

③ 贮备充分的饲草饲料，保证育肥期不断料，不轻易地变更饲料。同一种饲料代替另一种饲料时，先代替 1/3（3 天），再加到 2/3（3 天），逐步全部替换。

④ 育肥羊在育肥期如要舍饲，应保持一定的活动场地，羔羊每只占地 0.75~0.95 米^2。

⑤ 推广青贮、氨化饲草，充分利用秸秆，扩大饲草来源。青贮、氨化秸秆制作方法简便易行，成本低，且营养价值高，适口性好，羊爱吃。饲喂青贮、氨化秸秆时，喂量由少到多，逐步代替其他牧草，适应后，每只羊每日喂青贮饲料 3~4 千克，氨化秸秆 1~1.5 千克，并补充适量的尿素。

⑥ 要确保育肥羊每日都能喝足清洁的水。据估计，气温在 15℃时，育肥羊饮水量在 1 千克左右；15~20℃时，饮水量 1.2 千克；20℃以上时饮水量接近 1.5 千克，冬季不宜饮用雪水或冰水。

⑦ 保证饲料的品质，不喂发霉变质和冰冻的饲料。喂饲时避免羊只拥挤、争食。因此，饲槽长度要与羊数相称，每只羊应用 25~40 厘米，自动食槽可适当缩短，每只羊 5~10 厘米。投饲量不能过多，以吃完不剩为理想。

（四）育肥阶段与饲料配方

羔羊育肥阶段的划分因根据羔羊体重的大小确定，不同阶段补饲的饲料组成、补饲量都有所不同。一般在羔羊育肥的前期，由于羔羊的身体各个器官和组织都在生长发育，饲料中的蛋白质含量就要求高；在育肥的后期，主要是脂肪沉积时所需的能量饲料比例应加大。

在管理上，育肥前期管理的重点是观察羔羊对育肥管理是否习惯，有无病态羊，羔羊的采食量是否正常，根据采食情况调整补饲标准、饲料配方等；到了育肥中期，应加大补饲量，增加蛋白质饲料的比例，注重饲料中营养的平衡质量；育肥后期，在加大补饲量的同时，增加饲料中的能量，适当减少蛋白质的比例，以增加羊肉的肥度，提高羊肉的品质。补饲量的确定应根据体重的大小，参考饲养标准补饲，并适当超前补饲，以期达到应有的增重效果。无论是哪个阶段都应注意观察羊群的健康状态和增重效果，随时改变育肥方案和技术措施。

1. 前期

玉米 55%、麸皮 14%、豆饼（豆粕）30%、骨粉 1%。每天加添加剂（羊用）20 克，食盐 5~10 克。每日每只供精料 0.5 千克左右。

2. 中期

玉米 60%、麸皮 15%、豆饼（豆粕）24%、骨粉 1%。每天加添加剂（羊用）20 克，食盐 5~10 克。每日每只供精料 0.7 千克左右。

3. 后期

玉米 65%、麸皮 14%、豆饼（豆粕）20%、骨粉 1%。每天加添加剂（羊用）20 克，食盐 5~10 克。每日每只供精料 0.9 千克左右。

（五）适时出栏

在冬季来临之前，除留一定数量的基础母羊、种羊外，商品羔羊全部出栏。实践证明，实行以羔羊当年育成出栏，可以实现"双赢"的效果：羔羊当年育成出栏，养羊的出栏率、商品率提高了，羔羊肉好吃、卖价高；羔羊当年育成出栏，商品羊在秋季出栏了，越冬的只有种羊和母羊，冬春季减少了对饲草料、棚圈的需求，冬春舍饲喂养，不再进行放牧，有效地保护了草原、草场生态。

第二节 育成羊的饲养管理

从断乳到配种前的羊叫青年羊或育成羊（图 4-10）。这一阶段是羊骨骼和器官充分发育的时期，如果营养跟不上，便会影响生长发育、体质、采食量和将来的繁殖能力。加强培育，可以增大体格，促进器官的发育，对将来提高肉用能力，增强繁殖性能具有重要作用。

图 4-10 育成羊

一、育成羊的选种

选择适宜的育成羊留作种用是羊群质量进步的根底和重要手段，消费中经常在育成期对羊只停止选择，把种类特性优秀的、高产的、种用价值高的公羊和母羊选出来留作繁衍用，不符合要求的或选剩下的公羊则转为商品消费运用。消费中常用的选种办法是依据羊自身的体形外貌、生产成绩进行选择，辅以系谱检查和后代测定。

二、育成羊的培育

断乳以后，羔羊按性别、大小、强弱分群，增强补饲，按饲养规范采取不同的饲养计划，按月抽测体重，依据增重状况调整饲养计划。羔羊在断奶组群放牧后，仍需继续补喂精料，补饲量要依据牧草状况决定。

三、育成羊的营养

在枯草期，特别是第一个越冬期，育成羊还处于生长发育时期，而此时饲草枯槁、营养质量低劣，加之冬季时间长、气候冷、风大，耗费能量较多，需要摄取大量的营养物质才能抵御冰冷气候的侵袭，保证生长发育，所以必需增强补饲。在枯草期，除坚持放牧外，还要保证有足够的青干草和青贮料。精料的补饲量应视草场情况及补饲粗饲料状况而定，普通每天喂混合精料 0.2~0.5 千克。由于公羊普遍生长发育快，需求营养多，所以公羊要比母羊多喂些精料，同时还应留意对育成羊补饲矿物质如钙、磷、盐及维生素 A、维生素 D。

四、育成羊的管理

刚离乳整群后的育成羊，正处在早期发育阶段，这一时期是育成羊生长发育最旺盛时期，这时正值夏季青草期。在青草期应充沛应用青绿饲料，由于其营养丰厚全面，十分有利于促进羊体消化器官的发育，能够培育出个体大、身腰长、肌肉匀称、胸围圆大、肋骨之间间隔较宽、整个内脏器官功能旺盛，而且具备各类型羊体型外貌的特征。因而夏季青草期应以放牧为主，并分离少量补饲。放牧时要留意锻炼头羊，控制好羊群，不要养成好游走，挑好草的不良习气。放牧间隔不可过远。在春季由舍饲向青草期过渡时，正值北方牧草返青时期，应控制育成羊跑青。放牧要采取先阴后阳（先吃枯草树叶后吃青草），控制游走，增加采草时间。

丰富的营养和充足的运动，可使青年羊胸部宽广，心肺发达，体质强壮。断奶后至8月龄，每日在吃足优质干草的基础上，补饲含可消化粗蛋白质15%的精料250~300克。如果草质优良也可以少给精料。舍饲饲养的育成羊，若有质量优秀的豆科干草，其日粮中精料的粗蛋白质以12%~13%为宜。若干草质量普通，可将粗蛋白质的含量进步到16%。混合精料中能量以不低于整个日粮能量的70%~75%为宜。

第三节 母羊的饲养管理

依照生理特点和生产目的不同可分为空怀期，配种前的催情期，妊娠前期和妊娠后期，哺乳前期和哺乳后期6个阶段，其饲养的重点是妊娠后期和哺乳前期这4个月。

一、空怀期的饲养管理技术

空怀期（图4-11）是指母羊从哺乳期结束到下一个配种期的一段时间。这个阶段的重点是要求迅速恢复种母羊的体况，为下一个配种

图4-11 空怀期母羊

期做准备。以饲喂青贮饲料为主，可适当补喂精饲料，对体况较差的可多补一些精饲料，夏季不补，冬季补，在此阶段除搞好饲养管理外，还要对羊群的繁殖技术进行调整，淘汰老龄母羊和生长发育差，哺乳性能不好的母羊，调整羊群结构。

二、配种前的催情补饲

为了保证母羊在配种季节发情整齐，缩短配种期，增加排卵数和提高受胎率，在配种前 2~3 周，除保证青饲草的供应，还要适当喂盐，满足自由饮水，还要对繁殖母羊进行短期补饲，每只每天喂混合精料 0.2~0.4 千克。这样有助于发情。

三、妊娠前期的饲养管理

妊娠前期（图 4-12）指开始妊娠的前 3 个月，这阶段胎儿发育较慢，所需要营养无显著增多，但要求母羊能继续保持良好膘度。依靠青草基本上能满足其营养需要，如不能满足时，应考虑补饲。管理上要避免吃霜草和霉烂饲料，不饮冰水，不使受惊猛跑，以免发生流产。

图 4-12　妊娠前期的母羊

四、妊娠后期的饲养管理

妊娠后期（图 4-13）的 2 个月中，胎儿发育速度很快，90% 的初生重在这阶段完成。为保证胎儿的正常发育，并为产后哺乳贮备营养，应加强母羊的饲养管理。对在冬春季产羔的母羊，由于缺乏优质的青草。饲草中的营养相对要差，所以应补优质的青干草。每只妊娠母羊每天补充含蛋白质较高的精饲料 0.4~0.8 千克，胡萝卜 0.5 千克，食盐 8~10 克；对在夏季和秋季产羔的妊娠母羊，由于可以采食到青草，饲草的营养价值相对较好，根据妊娠母羊的不同体况，每只妊娠母羊可以补充精饲料量为 0.2~0.5 千克，食盐 10 克，骨粉 8~10 克。在管理上严防挤压、跳跃和惊吓，以免造成流产，不喂发霉变质和冰冻饲料。

图 4-13　妊娠后期的母羊

五、产期管理及护理

（一）产前准备

1. 产房及用具、用品的准备

接产用的房舍，应因地制宜，不强求一致。有条件的场户在建场时应根据规模大小、母羊多少、设计建设固定的产房，单位面积可适当宽松一些。没有条件修建产房者，应在羊舍内临时搭建接羔棚；要求产羔母羊每只应有产位面积 2 米² 左右，产羔栏位为待产母羊数的20%~30%。

接产用具及用品包括镊子、产科器械、长臂手套、结扎绳、5%碘酊消毒液、缩宫素、擦布、温水等。

产前 3~5 天，必须对产房，运动场、饲草架、饲槽、分娩栏等进行修理和清扫，并用 3%~5% 的火碱水进行彻底消毒。消毒后的产房，

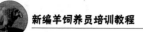

应当做到地面干燥、空气新鲜、光线充足、挡风御寒。

2.接羔人员的准备

接羔是一项繁重而细致的工作，因此，每群产羔母羊除主管饲养员以外还应根据羊群品种、质量、羊大小、营养状况，是经产母羊还是初产母羊以及各接羔点当时的具体情况，配备一定数量的辅助劳动力（或相邻栋舍的饲养员），才能确保接羔工作的顺利进行。

主管饲养员及辅助接羔人员，必须分工明确，责任落实到人。在接羔期间，要求坚守岗位，认真负责地完成自己的工作任务，杜绝一切责任事故发生，对初次参加接羔的饲养员或辅助工作人员，在接羔前要认真组织学习、培训有关接羔的知识和技术。

（二）接产

1.临产母羊的特征

母羊临产前，表现乳房肿大，乳头直立，能挤出乳汁，阴唇尾部松弛下陷，尤其以临产前 2~3 小时最明显，行动迟缓，排尿次数增多，喜卧墙角，产羔时起卧不安，不时回顾腹部，努责，卧地时两后肢向后伸直。

2.产羔过程及接羔技术

母羊正常分娩时，在羊膜（水胞）破后几分钟至 30 分钟，羔羊即可产出。正常胎位的羔羊，出生时一般是两前肢及头部先出，并且头部紧贴在两前肢的上面。若是产双羔，先后间隔 5~30 分钟，但也偶有长达数小时以上的，因此，当母羊产出第一个羔后，必须检查是否还有第二个，方法是以手掌在母羊腹部稍后侧适力颠举，如系双胎，可触感到光滑的羔体。

在母羊产羔过程中，非必要时一般不应干扰，最好让其自行娩出。但有的初产母羊因骨盆和阴道较为狭小，或双胎母羊在分娩第二只羔羊并已感疲乏的情况下，这时需要助产。其方法是：人在母羊体躯后侧，用膝盖轻压其肷部，等羔羊前肢端露出后，用一手向前推动母羊会阴部，羔羊头部露出后，再用一手握住头部，一手握住前肢，随母羊的努责劲向后下方拉出胎儿。若属胎势异常或其他原因的难产时，应及时请有经验的兽医技术人员协助解决。

羔羊产出后，首先把其口腔、鼻腔里的黏液掏出擦净，以免阻碍呼吸、吞咽羊水而引起窒息或异物性肺炎。羔羊身上的黏液，最好让母羊舔净，这样对母羊认羔有好处。如母羊恋羔性弱时，可将胎儿身上的黏液涂在母羊嘴上，引诱它舔净羔羊身上的黏液，也可以在羔羊身上撒些麦麸，引导母羊舐食羔羊，如果母羊不舔或冬天寒冷时，可用软布或毛巾或柔软干草迅速把羔体擦干或点火烤干，以免受凉。如遇到分娩时间过长，羔羊出现休克情况，可采用两种方法施救：一种是提起羔羊两后肢，使羔羊倒悬，同时拍打其背胸部，刺激羔羊呼吸。另一种是使羔羊卧平，两手有节律地按压羔羊胸部两侧，暂时假死的羔羊，经过这种处理后，可以复苏。

羔羊出生后，一般情况下都是由自己扯断脐带，在人工助产下娩出的羔羊，可由助产者剪断或扯断脐带，断前可用手把脐带中的血向羔羊脐部推捋几下，然后在离羔羊肚皮 3~4 厘米处结扎、剪断并用碘酒涂抹消毒。

母羊分娩后，非常疲倦、口渴，应给母羊喝温水，最好加入少量的麦麸和红糖。母羊一次饮水量不要过大，以 300 毫升为宜，饮水量过大，容易造成真胃移位等疾病，影响以后采食。

六、产后护理

① 母羊产后整个机体，特别是生殖器官发生了剧烈变化，机体的抵抗力降低。为使母羊复原，应给予适当的护理。在产后一小时左右给母羊饮 300~500 毫升的温水，并注意母羊胎衣及恶露排出的情况，一般在 4~6 小时排出、排净恶露。3 天之内喂饲质量好、易消化的饲料，减少精料喂量，以后逐渐转为正常饲喂。

② 检查母羊的乳房有无肿胀或硬块，发现异常及时对症处理。

③ 初生的羔羊，在迅速擦干羔羊身体后，注意羔羊的保温，并尽快帮助羔羊吃上初乳。母羊产后 1~7 天为初乳分泌期。第一天内的初乳中脂肪及蛋白质含量最高，次日急速下降。初乳维生素含量较高，特别是维生素 A，并含有高于常乳的镁、钾、钠等盐类，羔羊吃后有缓泻通便的作用。初乳中球蛋白含有较高的免疫物质，营养价值完善，容易被羔羊吸收利用，能增强羔羊抵病力。如果新生羔羊体弱找不到乳头或母羊不认羔羊时，要设法帮助母子相认，人工辅助喂奶，直到

羔羊能够自己吃上奶。对缺奶羔羊和双羔要另找保姆羊。对有病羔羊要尽早发现，及时治疗，给予特别护理。

对于母羊和生后3天以内的羔羊，母子不认的羊，应延长在室内母子栏内的饲养时间，直到羔羊健壮时再转群。为便于管理，母子同群的羊可在母子同一体侧编上相同的临时号码。

七、哺乳前期饲养管理

哺乳前期（图4-14）是指产后羔的2月龄内，这段时间的泌乳量增加很快，2个月后的泌乳量逐渐减少，即使增加营养，也不会增加羊的泌乳量。所以在泌乳前期必须加强哺乳母羊的饲养和营养。为保证母羊有较高的泌乳量，在夏季要充分满足母羊青草的供应，在冬季要饲喂品质较好的青干草和各种树叶等。同时要加强对哺乳母羊的补饲，根据母羊哺乳羔羊的数量、母羊的体况来考虑哺乳母羊的补饲量。每天喂混合精料0.8千克，胡萝卜0.5千克。

图4-14　哺乳前期的母羊

产后的母羊的管理要注意控制精料的用量，产后1~3天内，母羊不能喂过多的精料，不能喂冷、冰水。羔羊断奶前，应逐渐减少多汁饲料和精料喂量，防止发生乳房疾病。母羊舍要经常打扫、消毒，胎衣和毛团等污物要及时清除，以防羔羊吞食发病。

八、哺乳后期的饲养管理

哺乳后期母羊（图4-15）的泌乳性能逐渐下降，产奶量减少，同时羔羊的采食能力和消化能力也逐渐提高，羔羊生长发育所需要的营养可以从母羊的乳汁和羔羊本身所采食的饲料中获得。所以哺乳后期母羊的饲养已不是重点，精饲料的供给量应逐渐减少。每天减为0.5千克。胡萝卜0.3千克左右。同时应增加青草和普通青干草的供给量，逐步过渡到空怀期的饲养管理。

图4-15 哺乳后期的母羊

第四节 种公羊的饲养管理

俗话说："公羊好，好一坡；母羊好，好一窝"，种公羊饲养的好坏，对提高羊羊群品质、生产繁殖性能的关系很大，种公羊在羊群中的数量少，但种用价值高。对种公羊必须精心饲养管理，要求常年保持中上等膘情，健壮的体质，充沛的精力，保证优质的精液品质，提高种公羊的利用率。

一、种公羊的管理要求

种公羊的饲料要求营养价值高，有足量的蛋白质、维生素和矿物质，且易消化，适口性好，保证饲料的多样性及较高的能量和粗蛋白质含量。在种公羊的饲料中要合理搭配精、粗饲料，尽可能保证青绿多汁饲料、矿物质、维生素能均衡供给，种公羊的日粮体积不宜过大，以免形成"草腹"，以免种公羊过肥而影响配种能力。夏季补以半数青割草，冬季补以适量青贮料，日粮营养不足时，补充混合精料。精料中不可多用玉米或大麦，可多用麸皮、豌豆、大豆或饼渣类补充蛋白质。配种任务繁重的优秀公羊可补动物性饲料。补饲定额依据公羊体重、膘情与采精次数而定，保证充足干净的饮水，饲料切勿发霉变质。钙磷比例要合理，以防产生尿路结石。

（一）圈舍要求

种公羊舍（图4-16）要宽敞坚固，保持圈舍清洁干燥，定期消毒，尽量离母羊舍远些。舍饲时要单圈饲养，防止角斗消耗体力或受伤；在放牧时要公母分开，有利于种公山羊保持旺盛的配种能力，切忌公母混群放牧，造成早配和乱配。控制羊舍的湿度，不论气温高低，相对湿度过高都不利于家畜身体健康，也不利于精子的正常生成和发育，从而使母羊受胎率低或不能受孕。要防止高温，高温不仅影响种公羊的性器官发育、性欲和睾酮水平，而且影响射精量、精子数、精子活力和密度等。夏季气候炎热，要特别注意种公山羊的防暑降温，为其创造凉爽的条件，增喂青绿饲料，多给饮水。

图4-16 种公羊舍

（二）适当运动

在补饲的同时，要加强放牧，适当增加运动（图4-17），以增强公羊体质和提高精子活力。放牧和运动要单独组群，放牧时距母羊群尽量远些，并尽可能防止公羊间互相斗殴，公羊的运动和放牧要求定时间、定距离、定速度。饲养人员要定时驱赶种公羊运动，舍饲种公羊每天运动4小时左右（早、晚各2小时），以保持旺盛的精力。

图4-17 运动场内运动

（三）配种适度

种公羊配种采精要适度（图4-18）。一般1只种公羊可承担30~50只母羊的配种任务。种公羊配种前1~1.5个月开始采精，同时检查精

图4-18 采精

液品质。开始一周采精1次，以后增加到一周2次，到配种时每天可采1~2次，连配2~3天，休息1天为宜，个别配种能力特别强的公羊每日配种或采精也不宜超过3次。公羊在采精前不宜吃得过饱。在非繁殖季节，应让种公羊充分休息，不采精或尽量少采精。种公羊采精后应与母羊分开饲养。

种公羊在配种时要防止过早配种。种公羊在6~8月龄性成熟，晚熟品种推迟到10月龄。性成熟的种公羊已具备配种能力，但其身体正处于生长发育阶段，过早配种可导致元气亏损，严重阻碍其生长发育。

在配种季节，种公羊性欲旺盛，性情急躁，在采精时要注意安全，放牧或运动时要有人跟随，防止种公羊混入母羊群进行偷配。

（四）日常管理

定期做好种公羊的免疫、驱虫和保健工作，保证公羊的健康，并多注意观察平日的精神状态。有条件的每天给种公羊梳刷1次（图4-19），以利清洁和促进血液循环。检查有无体外寄生虫病和皮肤病。定期修蹄，防止蹄病，保证种公羊蹄坚实，以便配种。

图4-19　给种公羊梳刷

二、种公羊的合理利用

种公羊在羊群中数量小，配种任务繁重，合理利用种公羊对于提高羊群的生产性能和产品品质具有重要意义，对于羊场的经济效益有着明显的影响。因此除了对种公羊的科学饲养外，合理利用种公羊提高种公羊的利用率是发展养羊业的一个重要环节。

（一）适龄配种

公羊性成熟为 6~10 月龄，初配年龄应在体成熟之后开始为宜，不同品种的公羊体成熟时间略有不同，一般在 12~16 月龄，种公羊过早配种影响自身发育，过晚配种造成饲养成本增加。公羊的利用年限一般为 6~8 年。

（二）公母比例合理

羊群应保持合理的公母比例。自然交配情况下公母比例为 1：30，人工辅助交配情况下公母比例为 1：60，人工授精情况下公母比例为 1：500。

（三）定期测定精液品质

要定期对种公羊进行体检，每周采精一次，检查种公羊精液品质（图 4-20）并做好记录。对于精液外观异常或精子的活率和密度达不到要求的种公羊，暂停使用，查找原因，及时纠正。对于人工授精的饲养场，每次输精前都要检查精液和精子品质，精子活率低于 0.6 的精液或稀释精液不能用于输精。

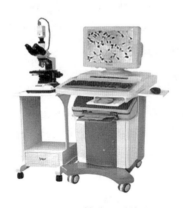

图 4-20 精液品质检查

（四）合理安排

在配种期，最好集中配种和产羔，尽量不要将配种期拖延的过长，否则不利于管理和提高羔羊的成活率，同时对种公羊过冬不利。种公羊繁殖利用的最适年龄为 3~6 岁，在这一时期，配种效果最好，并且要及时淘汰老公羊并做好后备公羊的选育和储备。

（五）人工授精供精

公羊的生精能力较强，每次射出精子数达 20 亿 ~40 亿个，自然交配每只公羊每年配种 30~50 只，如采用人工授精就可提高到 700~1 000 只，可以大大提高种公羊的配种效率。在现代的规模化羊饲养场、养羊专业村和养羊大户中推广人工授精技术，可提高种公羊的利用率，减少母羊生殖道疾病的传播，是实现羊高效养殖的一项重要繁殖技术。

第五节　放牧条件下的饲养管理

放牧饲养是养羊业的原始饲养方式，好处是适应绵羊、山羊的生活习性，增强体质；能充分利用各种自然资源，节省饲料，生产成本较低，劳动生产率较高。但存在着季节性差异，夏、秋两季饲草茂盛期，羊只生长速度快，生产性能高。到冬、春枯草期则生长发育缓慢，体重增长较少，甚至逐渐下降，羊的生产性能下降。因此，冬、春枯草季节除放牧外，还应给以补饲。

一、放牧羊群的组群

合理组群有利于放牧管理，以及羊的选留和淘汰，并且可以合理利用和保护草场，经济地利用劳动力和设备，充分发挥牧地和羊的生产潜力。放牧羊群应根据羊的数量、品种、性别、年龄、牧地等具体情况合理组群。羊的数量多，同一品种可分为种公羊群、一般公羊群、育成公羊群、羯羊群和育种母羊核心群、成年母羊群、育成母羊群等。在成年母羊群和育成母羊群中，还可鉴定等级组群。羊的数量少，不能多组群时，应将种公羊单独组群，母羊组成繁殖群和淘汰群。非种用公羊应去势，防止劣质公羊在群内杂交乱配，影响羊群质量的提高。羊群大小，要根据羊的质量、生产性能和牧地的地形与牧草生长情况来定。一般种公羊群要小于繁殖群，高产性能的羊群要小于低产性能的羊群。地形复杂、植被不好，不宜大群放牧的地区，羊群要小，反之羊群则大。就地区而言，在牧区放牧羊群的规模，繁殖母羊群一般以250~500只，半农半牧区100~150只，山区50~100只，农区30~50只为宜。育成公羊群可适当增大，核心母羊群可适当减少，成年种公羊20~30只，后备种公羊40~60只为宜。

二、放牧队形

为了控制羊群游走、休息和采食时间，使其多采食，少走路，有利于抓膘，在放牧实践中可通过一定的放牧队形来控制羊群。羊群放牧的队形名称很多，但归纳起来基本有3种，即"一条鞭""满天星"和"簸箕口"队形。放牧队形应根据地形、草场品质、季节及羊的采食情况灵活应用。"一条鞭"也称一条线，羊群进入放牧地排成"一"字形横队，放牧员在前边距羊群8~10米远，左右移动并缓慢后退，拦强羊等弱羊，控制羊群，使羊群缓慢前进，齐头并进的采草。如有助手则在后边驱赶个别落后羊或离群外窜的羊，经过训练的牧羊犬也可以执行此任务。羊群在横队里可以有3~4层，不能过密，否则后边的羊就吃不到好草。此队形适用于地形宽阔、平坦、植被较好、牧草分布均匀的草地。"满天星"也称散开队形，就是羊到放牧地后，控制羊群在一定范围内均匀散开，自由采食。满天星队形适用于任何类型的放牧地。对于牧草优良、产量较高的草场，羊群散开后随时都可以吃到好牧草，对于牧草稀疏或覆盖不均匀的牧场，羊群散开后，也可吃到较好的草。"簸箕口"队形是牧工站在羊群中间挡羊，使羊群缓缓前进，逐渐使中间羊群走得慢，两边羊走得快，边走边吃，形成簸箕口形。此队形多在春季牧草出生、稀疏、低矮时，为了使羊都吃到青草和防止羊群过于分散跑青时采用。

总之，放牧队形要灵活多样，以多吃草少走路、有利于抓膘为目的。一天内，常是早出"一条鞭"，中午"满天星"，晚归"簸箕口"。按季节通常是冬、春"一条鞭"，夏秋"一大片"。

三、四季放牧技术要点

（一）春季放牧管理

肉羊经过漫长的冬春枯草季节，膘差、嘴馋、易贪青造成下痢，误食毒草中毒，或是青草胀（瘤胃鼓气）。因此，春季放牧一要防止羊"跑青"；二要防止羊"鼓胀"。春季，干草和树叶大多都已经腐烂，幼草虽已萌发，牧坡青绿，但羊仍因草短而啃不上，于是便东奔西跑地寻找青绿色草和各种树花而吃不饱，形成"跑青"。这样便造成羊体瘦弱，甚至死亡。这时是放牧最困难的季节，应特别注意加强放牧管理。羊群经过漫长的冬季，营养水平下降，膘情差、体质弱。母羊正处在怀孕后期或产羔育羔的重要时刻，对营养需求增加。春季气温变化较大，天然草场青黄不接，是养羊业的困难时期。这一时期，放牧应选在距冬牧场不远，牧草萌发较早的阳坡丘陵地带。春季放牧应特别注意天气变化，发现天气有变坏预兆时，应及早将羊群赶到羊圈附近或山谷地区放牧，避免因气候突变造成损失。

春季放牧出牧宜迟，归牧宜早，中午可不回圈，使羊群多采食。春季牧草返青，羊群易出现"跑青"现象。为避免"跑青"，有补饲条件的可在出牧前给羊群喂些干草，等羊半饱时再放到青草地上；无补饲条件的可先在枯草地上放牧，再放青草地。

此外，应特别注意以下几点：春季毒草萌发早，羊群急于吃青误食毒草，引起中毒。因此，应随时注意草场情况及羊只表现，一旦有中毒现象，及时处理。为减少绵羊腐蹄病，应在露水消失后出牧。春季应重视羊群的驱虫工作，这对羊只在夏季体力的恢复和抓膘有很大影响。

（二）夏季放牧管理

夏季气候的特点是炎热、蚊虫多，应做好防暑降温工作。放牧应注意早出晚归，中午炎热时，要防羊"扎窝子"。应让羊群到通风、阴凉处休息，必要时，在放牧中途给予适当休息。夏季日暖昼长，青草茂密，羊群经过晚春放牧、剪毛后，负担减轻、体力大增，是抓膘的有利时机。抓好伏膘有助于羊只提前发情，迎接早秋配种，早产冬羔。

夏季放牧应避免蚊虫多、闷热潮湿的低洼地，宜到凉爽的高岗山坡上，最好找有山葱、野蒜和有草药的地方放牧。这类牧草营养丰富，且有驱虫开胃的作用，有利于抓膘。

夏季放牧出牧宜早，归牧宜迟，尽量延长放牧时间，每天放牧不少于12小时，但要避开晨露大、羊只不爱吃草的时间。出牧和归牧时要掌握"出牧急行，收牧缓行"和"顺风出牧，顶风归牧"的原则。在山区还要防止因走得太急而发生滚坡等意外事故。夏季多雨，小雨可照常放牧，背雨前进，如遇雷阵雨，可将羊赶至较高地带，分散站立，如果雨久下不停，应不时驱赶羊群运动产热，以免受凉感冒。

（三）秋季放牧管理

秋季天高气爽，牧草丰富且草籽逐渐成熟，牧草抽穗结籽，草籽富含碳水化合物、蛋白质和脂肪，营养价值高，是抓满膘的最好时期。放牧中，注意将羊放饱、放好，这对冬季育肥出栏、安全过冬和羊的繁殖都很重要。秋季放牧的基本任务是要在抓好伏膘的基础上，使羊体充分蓄积脂肪，最大限度地提高羊只膘情，为安全越冬做好准备。

秋季也是羊只配种的季节，抓好秋膘有利于提高受胎率。因此，秋季放牧应选择草高而密的沟河附近或江河两岸、草茂籽多的地方放牧。尽可能延长放牧时间，每天放牧不少于10小时。到晚秋有霜冻时应避免羊只吃霜草影响上膘、患病、母羊流产等。

在半农半牧区，应结合茬地放牧，抢茬时羊只主要捡食地里的穗头和吃嫩草，跑动大，此时要注意控制羊群。

（四）冬季放牧管理

冬季天渐转寒，植物开始枯萎，并有雨雪霜冻。放牧中，注意防寒、保暖、保膘、保羔。冬季放牧常常在村前村后和羊圈左右，让羊吃些树叶、干草，多让羊运动和晒太阳，孕羊切忌翻沟越岭。冬牧场应选择避风向阳、地势高燥、水源较好的山谷或阳坡低凹处。采取先远后近、先阴后阳、先高后低、先沟地后平地的放牧方法。

放牧不可走太远，这样，遇到天气骤变时，能很快返回牧场，保证羊群安全。由于冬季草地牧草枯黄、营养价值低，应及时对羊补草补料，使羊只安全过冬。

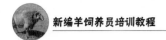

四、放牧的基本要求

（一）多吃少消耗

放牧羊群在草场上，吃草时间比游走时间越长越好，吃草时间长，行走体能消耗相对较小，这样才能达到多吃少消耗，快速育肥的目的。

（二）三勤四稳

三勤指放牧人员要腿勤、手勤、嘴勤；四稳指放牧稳、走路稳、饮水稳、出入圈稳。达到羊群要慢则慢、要快则快、才能使羊充分合理利用草地，保证吃饱吃好，易健康壮膘。

（三）"领羊、挡羊、喊羊、折羊"相结合

放牧羊群应有一定的队形和程度，牧工领羊按一定队形前进，控制采食速度和前进方向，同时挡住走出群的羊。折羊指使羊群改变前进方向，把羊群赶向既定的草场，水源的道路上。喊羊指放牧时呼以口令，使落后的羊跟上队，抢前的缓慢前进，平时要训练好头羊，有了头羊带队，容易控制羊群，使放牧羊群按放牧工的意图行动。

（四）建立指挥群羊的口令

通过长时期的条件反射训练，要让羊群理解放牧人员的固定口令。选口令时应注意语言配合固定的手势，不可随意改变，否则指挥口令发生混乱，影响条件反射的建立。

五、放牧注意事项

羊经常采食的豆科牧草、杂草、树叶等，其中一些为有毒植物，容易发生中毒或瘤胃膨胀。为避免放牧时过度饥饿而误食有毒植物，在放牧前应饲喂少量的干草。一旦出现中毒，立即对病羊实施瘤胃放气，并投喂解毒药物。

天气炎热时，上午放牧应早出早归，一般露水刚干即可出牧。中午气温较高时，让羊在圈内休息，晚上7点再收牧。晴爽天气，应选择干燥的地方，高温天气要选择阴凉地，以避免中暑。在枯草期，先利用牧道上易被践踏的草地和四周远处的牧地，再逐渐向草场中心转移，避免羊群冬季往返过度踩踏。冬季积雪较多的地区，对牧场的利用，可考虑先放阴坡，后放阳坡；先放沟底，后放坡地；先放低草，

后放高草；先放远处，后放近处，以充分利用放牧地，提高利用价值。

体弱和妊娠后期的母羊不能随大群放牧，成年公羊应和母羊分群放牧，或对公羊进行阉割。

要定期对羊群进行驱虫，一般每季度进行驱虫一次。成羊和产后母羊要进行驱虫，有肝片吸虫的地方要用硝氯酚等进行驱虫，及时给羊群进行药浴，常用药液有双甲脒等。药浴应在晴朗无风天进行，入浴前 2~3 小时给羊饮足水喂好料，以免羊在药浴中吞饮药液中毒，药液的温度应在 25℃左右。病、伤和怀孕 2 个月以上的羊只不宜药浴，药液的深度以浸没羊体为宜。羊鱼贯而行，应将羊头按入药液中 1~2次。小规模养殖户可采取把配好的药液倒入较大的水缸，掩住羊的耳、鼻、口将其投入药缸浸没即可。

六、放牧羊的补饲

我国广大牧区，寒冷季节长达 6~8 个月，气候严寒使牧草枯黄、品质下降，特别是粗蛋白质含量严重不足。牧草生长期粗蛋白质含量为 13.6%~15.57%，而枯草期则下降至 2.26%~3.28%。另外，冬春季节是全年气温最低，能量消耗最大，母羊妊娠、哺乳、营养需要增多的时期。此时单纯依靠放牧，不能满足羊的营养需要，特使生产性能较高的羊，更有必要进行补饲，以弥补营养的不足。

（一）补饲时间

补饲的时间原则上是从体重出现下降开始，最迟也不能晚于春节前后。补饲过早，会降低羊群过冬春的能力，饲养成本也高。补饲过晚，羊群瘦弱，则不能发挥补饲的最佳效果。补饲应根据羊群具体情况和草料储备情况来定，一旦开始就应连续进行，直至能接上吃青。

（二）补饲方法

补饲既可在出牧前进行，也可以安排在归牧后。如果草料都补，则可以在出牧前补料，归牧后补草。在草料利用上，应先喂质量较次的草，后喂较好的草。在草料分配上，应保证优羊优饲，对于种公羊和核心群母羊的补饲应多些。其他羊则可按先弱后强、先幼后壮的原则进行补饲。补草时最好安排在草架上进行，既可避免造成饲草的浪费，又可以减少草渣、草屑混入毛被，影响羊毛质量。饲喂青贮时，特别应注意妊娠母羊采食过多，造成酸度过高引起流产现象发生。日补饲量，一般可按每只羊每日补干草 0.5~1 千克和混合精料 0.1~0.3 千克。

（三）补饲技术

补饲的目的是通过增加营养投入来提高生产水平。但如果不考虑羊体本身的营养消耗和对饲料养分的利用率，也达不到补饲的最终目的。因此，现代补饲理论是把补饲和营养调控融为一体，针对放牧存在的主要营养限制因素，采取整体营养调控措施来提高现有补饲饲料的利用率和整体效益。根据我国养羊生产的现状和饲草料资源状况，提出主要的营养调控措施有以下几点。

1. 补饲可发酵氮源

常用的可发酵氮源为尿素。尿素的喂量大体为不超过日粮中干物质的 1% 或精料的 2%~3% 或按 100 千克体重喂 20~30 克为适合，尿素喂量的多少取决于日粮中能量饲料喂量的多少，日粮中能量较多时可多喂，能量少时尿素喂量少。尿素喂量过多，容易引起中毒，一般成年羊日喂 10~15 克是比较安全的。饲喂尿素应分次喂给，而且必须配合易消化的精料或少量的糖蜜，还应配合适量的硫和磷。注意不能与豆饼、苜蓿混合饲喂，有病和饥饿状态下的羊也不要喂尿素，以防引起尿素中毒。尿素的饲喂方法是把尿素撒在潮湿的精料中均匀溶化，严禁溶在水中饮喂或纯喂。喂时不可在 1~2 天内加足喂量，应在 1~2 周内逐渐增加，日给量分 3 次饲喂。喂完尿素日粮的羊不能立刻饮水，适宜饮水时间是在饲喂 2 小时之后。如因饲喂不当引起中毒的，主要症状表现为呻吟不安，肌肉震颤，步态不稳，鼻流白沫、口流唾液等。治疗方法可用大量灌服冷水，降低尿素的浓度或者灌服稀释的醋酸 1~2 升，灌服酸奶 2~2.5 升或食醋 1~2 千克，来中和胃液。若服用 10% 醋酸加葡萄糖混合液 1.5~2 升，效果更好。

2. 使用过瘤胃技术

常用过瘤胃蛋白和过瘤胃淀粉。补饲过瘤胃蛋白，可提高放牧羊的采食量，增加小肠收牧氨基酸的数量，达到提高产毛量和产乳量的效果。

3. 增加发酵能

常用补饲非结构性碳水化合物如含淀粉较高的大麦、小麦、燕麦、玉米、高粱等谷物饲料来提供可发酵能，充分提高粗饲料的利用率。

4. 青贮催化性补饲

在枯草期内用少量青贮玉米进行催化性补饲以刺激瘤胃微生物生长，达到提高粗饲料利用率的目的。

5. 补饲矿物质

养羊生产中存在的普遍问题是放牧羊体内矿物质缺乏和不平衡。由于矿物质缺乏存在明显的地域性特点，因此需要在矿物质营养检测的基础上进行补饲。羊可能缺乏的矿物质元素有钙、磷、钠、钾、硒、铜、锌、碘、硫等。矿物质补饲方法可采用混入精料饲喂，或制成盐砖、矿物质丸、铜针、缓释装置等进行补饲。

（四）供给充足的饮水和食盐

充足的饮水对羊很重要。如果饮水不足，对羊体健康、泌乳量和剪毛量都有不良影响。羊饮水量的多少，与天气冷热、牧草干湿都有关系。羊夏季每天可饮水 2 次，其他季节每天至少饮水 1 次。饮水以河水、井水或泉水最好，死水、污水易使羊感染寄生虫病，不宜饮用。饮河水时，应把羊群散开，避免拥挤；饮井水时，应安装适当长度的饮水槽。每只羊每日需食盐 5~10 克，哺乳母羊宜多给些。补饲食盐时，可隔日或 3 天给 1 次，把盐放在料槽里或粉碎掺在精饲料里饲喂均可。

第六节　舍饲条件下的饲养管理

舍饲养羊是在适合羊只生长发育和繁殖需要的基础上，方便转群、配种及日常饲养管理的在舍内进行饲养的一种生产方式。随着人们改善生态环境意识的增强，舍饲养羊是社会发展的必然选择，也是养羊业向产业化、集约化、规模化发展的必经之路。

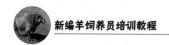

一、饲料多样化

舍饲养羊成功与否，充足的饲草饲料是关键。目前舍饲养羊常见的问题有饲料种类单一、饲草品质差、日粮配合不科学等。供应羊的饲料种类甚多，可分为植物性饲料、动物性饲料、矿物质饲料及其他特殊饲料。其中，植物性饲料（包括粗饲料、青贮饲料、多汁饲料和精饲料）对羊特别重要。羊喜食多种饲草，若经常饲喂少数的几种，会造成羊的厌食、采食量减少、增重减慢，影响生长。因此要注意增加饲草品种，尽可能地提高羊的食欲。更换饲料应由少到多逐渐过渡，避免突然换料。

二、定时、定量

定时、定量、少喂、勤添饲喂可使羊保持较高的食欲，并减少饲料浪费。每天可饲喂 3 次，一般间隔时间 5~6 小时。具体时间可根据本地实际情况而定。精饲料与粗饲料应间隔供给，青贮饲料和多汁饲料也应与青干草间隔饲喂，每次喂量不宜太多。饲喂日程应根据饲料种类和饲喂量安排，通常是先粗料后精料。精料喂完后不宜马上喂多汁饲料或抢水喝，否则，羊胃严重扩张，逐渐变成"大腹羊"。饲喂青贮饲料要由少到多，逐步适应；为提高饲草利用率，减少饲草的浪费，饲喂青干草时要切短，或粉碎后和精饲料混合饲喂，也可以经过发酵后饲喂。每天自由饮水 2~3 次。

三、合理分群

在规模化、集约化养羊生产中，合理分群，稳定羊群结构是保持较高生产率的基础。规模化羊场应按照不同品种、不同年龄、不同体况，将羊群分为公羊舍、育成羊舍、母羊舍、哺乳母羊舍、断奶羔羊舍、病羊舍及育肥羊舍，并根据各种羊的情况分别饲养管理。据统计，理想的羊群公母比例是 1∶36，繁殖母羊、育成羊、羔羊比例应为 5∶3∶2，可保持高的生产效率、繁殖率和持续发展后劲。每年入冬前要对羊群进行一次调整，淘汰老、弱、病、残母羊和次羊，补充青壮母羊参与繁殖，并推行羔羊当年育肥出栏。

四、加强运动

每天保持充足的运动，才能促进新陈代谢，保持正常的生长发育。夏季时常保持羊舍与运动场连通，便于羊只自由出入进行活动。其他季节应与保暖措施结合，合理安排。冬季宜选择天气较好时运动。种公羊非配种季节每日运动量不低于 4 小时，配种季节可适当缩减。母羊怀孕后期也可适当加强运动，以保证良好的体况，促进胎儿发育，有利于分娩。

五、做好饲养卫生和消毒工作

日常喂给的饲料、饮水必须保持清洁。不喂发霉、变质、有毒及夹杂异物的饲料。母羊怀孕后，禁止饲喂棉籽饼、菜籽饼、酒糟等饲料。日常饮水要清洁卫生充足，怀孕母羊、刚产羔的母羊供应温水，预防流产或产后疾病。饲喂用具经常保持干净。羊舍、运动场要经常打扫，每月作一次常规消毒。羊舍四周环境要不定期铺撒生石灰来消毒。羊场大门设消毒池对进出车辆进行消毒，门卫室设紫外线灯，对进入羊场的人员实行消毒。严禁闲杂人员进入场区。要坚持自繁自养，尽可能不从疫区购羊，防止疫病传播。如果必须从外地引入时，要严格检疫，至少经过 10~15 天隔离观察，并经兽医确认无病后方可合群。定期进行疫苗注射。

六、定期驱除体内外寄生虫

驱虫的目的是减少寄生虫对机体的不利影响。一般每年春秋两季要对羊群驱肝片吸虫一次。对寄生虫感染较重的羊群可在 2—3 月份提前治疗性驱虫一次；对寄生虫感染较重的地区，还应在入冬前再驱一次虫。常用的驱虫药物有四咪唑、驱虫净、丙硫咪唑、虫克星（阿维菌素）等，其中丙硫咪唑又称抗蠕敏，是效果较好的新药，口服剂量为每千克体重 15~20 毫克，对线虫、吸虫、绦虫等都有较好的治疗效果。研究表明，针对性地选择驱虫药物或交叉使用 2~3 种驱虫药等都会取得更好的驱虫效果。为驱除羊体外寄生虫、预防疥癣等皮肤病的发生，每年要在春季放牧前和秋季舍饲前进行药浴。

七、坚持进行健康检查

在日常饲养管理中，注意观察羊的精神、食欲、运动、呼吸、粪便等状况，发现异常及时检查，如有疾病及时治疗。当发生传染病或疑似传染病时，应立即隔离，观察治疗，并根据疫情和流行范围采取封锁、隔离、消毒等紧急措施，对病死羊的尸体要深埋或焚烧。在日常管理中也要防止通过饲养员、其他动物和用具传播疾病。

技能训练

分娩母羊的接产与护理。

【目的要求】正确给母羊接产，科学护理产后母羊和羔羊。

【训练条件】镊子、产科器械、长臂手套、结扎绳、5%碘酊消毒液、缩宫素、擦布、温水等。

【考核标准】

1. 产前准备充分，护理及时、有效。

2. 接产护理程序合理，操作无误；羔羊全部都能吃上初乳；无人为造成产羔死亡。

3. 产后母羊能及时护理，正确饲喂。

思考与练习

1. 羔羊饲养管理的重点有哪些？

2. 为了提高肥羔生产效益，应掌握哪些技术措施？

3. 母羊产羔时应如何护理？

4. 种公羊怎样才能做到正确利用？

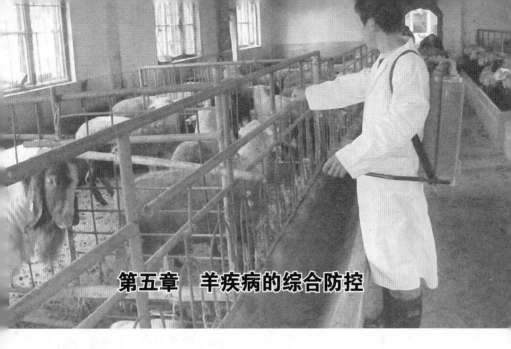

第五章　羊疾病的综合防控

知识目标

1. 了解羊场卫生管理的主要内容。

2. 能正确给羊场进行各种消毒。

3. 了解羊常用疫苗的特点和用法。

技能要求

1. 能对羊场饲养人员、圈舍、用具、周围环境等进行完整消毒。

2. 能给羊进行多种方法的免疫操作。

第一节　搞好养羊场的卫生管理

一、圈舍的清扫与洗刷

要经常对羊圈舍进行清扫与洗刷。为了避免尘土及微生物飞扬，清扫运动场和羊舍时，先用水或消毒液喷洒（图 5-1），然后再清扫（图 5-2）。主要是清除粪便、垫料、剩余饲料、灰尘及墙壁和顶棚上的蜘蛛网、尘土。

图 5-1 喷洒羊舍

图 5-2 清扫羊舍

喷洒消毒液的用量为 1 升 / 米^2，泥土地面、运动场为 1.5 升 / 米^{2}左右。消毒顺序一般从离门最远处开始，以墙壁、顶棚、地面的顺序喷洒一遍（图 5-3），再从内向外将地面重复喷洒 1 次，关闭门窗 2~3小时，然后打开门窗通风换气，再用清水清洗饲槽、水槽及饲养用具等。

图 5-3 羊运动场消毒

二、羊场水的卫生管理

（一）饮用水水质要符合要求

要保证水质符合畜禽饮用水水质标准（表 5-1），以保证干净卫生，防止羊感染寄生虫病或发生中毒等。

表5-1　畜禽饮用水水质标准

项　目		标　准　值	
		畜	禽
感官性状及一般化学指标	色（°） ≤	色度不超过30	
	混浊度（°） ≤	不超过20	
	臭和味	不得有异臭、异味	
	肉眼可见物	不得含有	
	总硬度（以 CaCO₃ 计）（毫克/升） ≤	1 500	
	pH 值 ≤	5.5~9	6.8~8.0
	溶解性总固体（毫克/升） ≤	4 000	2 000
	氯化物（以 Cl⁻ 计）（毫克/升） ≤	1 000	250
	硫酸盐（以 SO₄²⁻ 计）（毫克/升） ≤	500	250
细菌学指标	总大肠菌群（个/100毫升） ≤	成年畜10，幼畜和禽1	
毒理学指标	氟化物（以 F⁻ 计）（毫克/升） ≤	2.0	2.0
	氰化物（毫克/升） ≤	0.2	0.05
	总砷（毫克/升） ≤	0.2	0.2
	总汞（毫克/升） ≤	0.01	0.001
	铅（毫克/升） ≤	0.1	0.1
	铬（六价）（毫克/升） ≤	0.1	0.05
	镉（毫克/升） ≤	0.05	0.01
	硝酸盐（以 N 计）（毫克/升） ≤	30	30

（二）保证用水卫生

① 场区保持整洁，搞好羊舍内外环境卫生、消灭杂草，每半个月消毒1次，每季灭鼠1次。夏秋两季全场每周灭蚊蝇1次，注意人畜安全。

② 圈舍每天进行清扫，粪便要及时清除，保持圈舍整洁、整齐、卫生。做到无污水、无污物、少臭气。每周至少消毒1次。

③ 圈舍每年至少要有 2~3 次空圈消毒。其程序为：彻底清扫—清

水冲洗—2% 火碱水喷洒—翌日用清水冲洗干净，并空圈 5~7 天。

④ 饮水槽和食槽要每两周用 0.1% 的高锰酸钾水清洗消毒。

⑤ 定期清洗排水设施。

（三）废水符合排放标准

养殖业是我国农村发展的重要产业。近些年来，随着养殖规模的不断扩大、饲养数量的急剧增加，使得大量的畜禽养殖废水成为污染源，这些养殖场产生的污水如得不到及时处理，必将对环境造成极大危害，造成生态环境恶化、畜禽产品品质下降并危及人体健康，养殖废水治理技术的滞后将严重制约养殖业的可持续发展。

针对畜禽养殖污染，我国先后发布了《畜禽养殖业污染物排放标准》（GB 18596—2001）、《畜禽养殖业污染防治技术规范》（HJ/T 81—2001）、《规模化畜禽养殖场沼气工程设计规范》（NY/T 1222—2006）、《畜禽养殖污染防治管理办法》（国家环境保护总局令第 9 号）、《畜禽规模养殖污染防治条例》（国务院令第 643 号）等文件。

国家颁布的《畜禽养殖业污染物排放标准》（GB 18596—2001）文件中针对养殖废水排放标准要求如下。

① 畜禽养殖废水不得排入敏感水域和有特殊功能的水域。排放去向应符合国家和地方的有关规定。

② 标准适用规模范围内的畜禽养殖业的水污染物排放分别执行下表 5-2、表 5-3 和表 5-4 的规定（羊场标准可参考下表执行）。

表 5-2　集约化畜禽养殖废水水冲工艺最高允许排水量

种类	猪［米³/ （百头·天）］		鸡［米³/ （千只·天）］		羊［米³/ （百头·天）］	
季节	冬季	夏季	冬季	夏季	冬季	夏季
标准值	2.5	3.5	0.8	1.2	20	30

注：养殖废水排放标准最高允许排放量的单位中，百头、千只均指存栏数。春、秋季养殖废水排放标准最高允许排放量按冬、夏两季的平均值计算

表5-3　集约化畜禽养殖业干清粪工艺最高允许排水量

种类	猪［米³/（百头·天）］		鸡［米³/（千只·天）］		羊［米³/（百头·天）］	
季节	冬季	夏季	冬季	夏季	冬季	夏季
标准值	1.2	1.8	0.5	0.7	17	20

注：养殖废水排放标准最高允许排放量的单位中，百头、千只均指存栏数。春、秋季养殖废水排放标准最高允许排放量按冬、夏两季的平均值计算

表5-4　集约化畜禽养殖业水污染物最高允许日均排放浓度

控制项目	5日生化需氧量（毫克/升）	化学需氧量（毫克/升）	悬浮物（毫克/升）	氨氮（毫克/升）	总磷（以P计）（毫克/升）	粪大肠菌群数（个/毫升）	蛔虫卵（个/升）
标准值	150	400	200	80	8.0	10 000	2.0

（四）畜禽饮用水中农药限量与检验方法

1. 当畜禽饮用水中含有农药时，农药含量不能超过表5-5中的规定

表5-5　畜禽饮用水中农药限量指标　　　（单位：毫克/升）

项目	限值
马拉硫磷	0.25
内吸磷	0.03
甲基对硫磷	0.02
对硫磷	0.003
乐果	0.08
林丹	0.004
百菌清	0.01
甲萘威	0.05
2，4-D	0.1

2. 畜禽饮用水中农药限量检验方法

① 马拉硫磷按 GB/T 13192 执行。

② 内吸磷参照《农药污染物残留分析方法汇编》中的方法执行。

③ 甲基对硫磷按 GB/T 13192 执行。

④ 对硫磷按 GB/T 13192 执行。

⑤ 乐果按 GB/T 13192 执行。

⑥ 林丹按 GB/T 7492 执行。

⑦ 百菌清参照 GB14878 执行。

⑧ 甲萘威（西维因）参照 GB/T 17331 执行。

⑨ 2, 4-D 参照《农药分析》中的方法执行。

三、羊场饲料的卫生管理

建立和推广有效的卫生管理系统，可有效杜绝有毒有害物质和微生物进入饲料原料或配合饲料生产环节，保证最终产品中各种药物残留和卫生指标均在控制线以下，确保饲料原料和配合饲料产品的安全。

（一）设施设备的卫生管理

饲料饲草加工机械设备和器具的设计要能长期保持防污染，用水的机械、器具要有耐腐蚀材料构成。与饲料饲草等的接触面要具有非吸收性、无毒、平滑。要耐反复清洗、杀菌。接触面使用药剂、润滑剂、涂层要合乎规定。设备布局要防污染，为了便于检查、清扫、清洗，要置于用手可及的地方，必要时可设置检验台，并设检验口。设备、器具维护维修时，事前要作出检查计划及检验器械详单，其计划上要明确记录修理的地方，交换部件负责人，保持检查监督作业及记录。

（二）卫生教育

对从事饲料饲草加工的人员要进行认真的教育，对患有可能会导致饲料被病原微生物污染的疾病的人员，不允许从事饲料饲草的加工工作。不要赤手接触制品，必须用外包装。进入生产区域的人要用肥皂及流动的水洗净手。使用完厕所或打扫完污染物后要洗手。要穿工厂规定的工作服、帽子。考虑到鞋可能把异物带入生产区域，要换专用的鞋。戴手套时需留意不要由手套给原料、制品带来污染。为防止进入生产区的人落下携带物，要事先取下保管。生产区内严禁吸烟。

（三）杀虫灭鼠

由专人负责，制定出高效、安全的计划并得到负责人认可方可实施。对使用的化学制品要有详细的清单及使用方法。要设置毒饵投放位置图并记录查看次数，写出实施结果报告书。使用的化学制品必须是规定所允许的，实施后调查害虫、老鼠生态情况，确认效果。如未达到效果，须改进计划并实施。

（四）饲料的消毒

对粗饲料要通风干燥，经常翻晒和日光照射消毒；对青饲料防止霉烂，最好当日割当日喂。精饲料要防止发霉，要经常晾晒。

四、羊场空气环境质量管理

（一）羊场空气环境质量

对羊场场区、舍区要检测氨气、硫化氢、二氧化碳、总悬浮颗粒物、可吸入颗粒浓度、注意空气流通，避免氨气等浓度过高。

无公害生产中，羊场空气环境质量应符合表5-6要求。

表5-6　羊场空气环境质量指标

项目	单位	场区	舍区
氨气	毫克/米³	≤5	≤25
硫化氢	毫克/米³	≤2	≤10
二氧化碳	毫克/米³	≤750	≤1500
可吸入颗粒（标准状态）	毫克/米³	≤1	≤2
总悬浮颗粒物（标准状态）	毫克/米³	≤2	≤4
恶臭	稀释倍数	≤50	≤70

（二）场区周围区域环境空气质量

密切观察空气质量指数，避免受工业废气的污染。空气质量监测主要包括总悬浮颗粒物、二氧化硫、氮氧化物、氟化物、铅等。

无公害生产中，场区周围区域环境空气质量应符合表5-7的要求。

表5-7 环境空气质量指标

	单位	日平均	1小时平均
总悬浮颗粒物（标准状态）	毫克／米³	≤ 0.30	
二氧化硫（标准状态）	毫克／米³	≤ 0.15	≤ 0.50
氮氧化物（标准状态）	毫克／米³	≤ 0.12	≤ 0.24
氟化物	微克／（分米·天）	≤ 3（月平均）	
铅（标准状态）	微克／米³	季平均1.50	

（三）空气消毒

人、羊的呼吸道及口腔排出的微生物，随着呼出气体、咳嗽、鼻喷形成气溶胶悬浮于空气中。空气中微生物的种类和数量受地面活动、气象因素、人口密度、地区、室内外、羊的饲养数量等因素影响。一般羊舍被污染的空气中微生物数量较多，特别是在添加粗饲料、更换垫料、清扫、出栏时更多。因此，必须对羊舍的空气进行消毒，尤其是要注意对病原污染羊舍及羔羊舍的空气进行消毒。

空气消毒最简单的方法是通风，其次是利用紫外线杀菌或甲醛气体熏蒸。

1. 通风换气

通风换气是迅速减少畜禽舍内空气中微生物含量的最简便、最迅速、也是最有效的措施。它能排除因羊呼吸和蒸发及飞沫、尘埃污染了的空气，换以清新的空气。具体实施时，应打开羊舍的门窗、通风口，提高舍内温度，以加大通风换气量、提高换气速度。一般舍内外温差越大，换气速度越快。

2. 紫外线照射

紫外线的杀菌效能，除与波长有关外，还与光源的强度、照射的距离以及照射时间有密切的关系。紫外线照射只能杀死其直接照射部分的细菌，对阴影部分的细菌无杀灭作用，所以紫外线灯架上不应附加灯罩，以利扩大照射范围。

3. 化学消毒法

常用消毒药液进行喷雾或熏蒸。用于空气消毒的消毒药剂有乳酸、醋酸、过氧乙酸、甲醛、环氧乙烷等。

使用乳酸蒸气消毒时，按每立方米空间 10 毫升的用量加等量水，放在器皿中加热蒸发。醋酸、食醋也可用来对空气进行消毒，用量为每立方米 3~10 毫升，加水 1~2 倍稀释，加热、蒸发。

使用过氧乙酸消毒的方法有喷雾法和熏蒸法两种，喷雾消毒时，用 0.3%~0.5% 浓度的溶液进行，用量为每立方米 1 000 毫升，喷雾后密闭 1~2 小时。熏蒸消毒时，用 3%~5% 浓度溶液加热蒸发，密闭 1~2 小时，用量为每立方米空间 1~3 克。

甲醛气体消毒是空气消毒中最常用的一种方法，一般使用氧化剂和福尔马林溶液，使其产生甲醛气体。常用的氧化剂有高锰酸钾、生石灰等，用量为每立方米空间：福尔马林 25 毫升、高锰酸钾 25 克、水 12.5 毫升。

五、搞好羊场的驱虫

为了预防羊的寄生虫病，应在发病季节到来之前，用药物给羊群进行预防性驱虫。预防性驱虫的时机，根据寄生虫病季节动态调查确定。例如，某地的肺线虫病主要发生于 11—12 月及翌年的 4—5 月，那就应该在秋末冬初草枯以前（10 月底或 11 月初）和春末夏初羊抢青以前（3—4 月）各进行 1 次药物驱虫；也可将驱虫药小剂量地混在饲料内，在整个冬季补饲期间让羊食用。

预防性驱虫所用的药物有多种，应视病的流行情况选择应用。丙硫咪唑（丙硫苯咪唑）具有高效、低毒、广谱的优点，对羊常见的胃肠道线虫、肺线虫、肝片吸虫和线虫均有效，可同时驱除混合感染的多种寄生虫，是较理想的驱虫药物。使用驱虫药时，要求剂量准确，并且要先做小群驱虫试验；取得经验后再进行全群驱虫。驱虫过程中发现病羊，应进行对症治疗，及时解救出现中毒、副作用的羊。

药浴是防治羊的外寄生虫病，特别是羊螨病的有效措施，可在剪毛后 10 天左右进行。药浴液可用 0.1%~0.2% 杀虫脒（氯苯脒）水溶液、1% 敌百虫水溶液或速灭菊酯（80~200 毫克/升）、溴氰菊酯

（50~80 毫克 / 升）。也可用石硫合剂，其配法为生石灰 75 千克、硫黄粉末 12.5 千克，用水拌成糊状，加水 150 升，边煮边拌，直至煮沸呈浓茶色为止，弃去下面的沉渣，上清液便是母液。在母液内加 500 升温水，即成药浴液。药浴可在特建的药浴池内进行，或在特设的淋浴场淋浴，也可用人工方法抓羊在大盆（缸）中逐只洗浴。目前还有一种驱虫新药——浇泼剂，驱虫效果很好。

六、搞好羊场的卫生防疫

① 场区大门口、生产管理区、生产区，每栋舍入口处设消毒池（盆）。羊场大门口的消毒池（图 5-4），长度不小于汽车轮胎周长的 1.5~2 倍，宽度应与门的宽度一样，水深 10~15 厘米，内放 2%~3% 氢氧化钠溶液或 5% 来苏儿溶液。消毒液 1 周换 1 次。

图 5-4　羊场大门口的消毒池

② 生活区、生产管理区应分别配备消毒设施（喷雾器等）。

③ 每栋羊舍的设备、物品固定使用，羊只不许串舍，出场后不得返回，应入隔离饲养舍。

④ 禁止生产区内解剖羊，剖后和病死羊焚烧处理，羊只出场出具检疫证明和健康卡、消毒证明。

⑤ 禁用强毒疫苗，制订科学的免疫程序。

⑥ 场区绿化率（草坪）达到 40% 以上。

⑦ 场区内分净道、污道，互不交叉，净道用于进羊及运送饲料、

162

用具、用品，污道用于运送粪便、废弃物、死淘羊。

第二节　加强养羊场的消毒

规范的养羊场须制定饲养人员、圈舍、带羊消毒，用具、周围环境消毒、发生疫病的消毒、预防性消毒等各种制度及按规范的程序进行消毒。

一、圈舍消毒

一般先用扫帚清扫并用水冲洗干净后，再用消毒液消毒。用消毒液消毒的操作步骤如下。

（一）消毒液选择与用量

常用的消毒药有 10%~20% 的石灰乳、30% 漂白粉、0.5%~1% 菌毒敌（原名农乐，同类产品有农福、农富、菌毒灭等）、0.5%~1% 二氯异氰尿酸钠（以此药为主要成分的商品消毒剂有强力消毒灵、灭菌净等）、0.5% 过氧乙酸等。消毒液的用量，以羊舍内每平方米面积用 1 升药液配制，根据药物用量说明来计算。

（二）消毒方法

将消毒液盛于喷雾器内，喷洒圈舍（图 5-5）、地面、墙壁、天花

图 5-5　喷洒圈舍消毒

板，然后再开门窗通风，用清水刷洗饲槽、用具等，将消毒药味除去。如羊舍有密闭条件，可关闭门窗，用福尔马林熏蒸消毒 12~24 小时，然后开窗 24 小时。福尔马林的用量是每立方米空间 40 毫升，倒入搪瓷盆内，再加入高锰酸钾 20 克，室温不低于 15℃，相对湿度 70%，关好所有门窗。消毒完毕后打开门窗，除去气味即可。

（三）空羊舍消毒规程

育肥羊出栏后，先用 0.5%~1% 菌毒杀对羊舍消毒，再清除羊粪。3% 火碱水喷洒舍内地面，0.5% 的过氧乙酸喷洒墙壁。打扫完羊舍后，用 0.5% 过氧乙酸或 30% 漂白粉等交替多次消毒，每次间隔一天。

二、环境消毒

在大门口设消毒池，使用 2% 火碱或 5% 来苏尔溶液，注意定期更换消毒液。

羊舍周围环境每 2~3 周用 2% 火碱消毒或撒生石灰一次，场周围及场内污水池、排粪坑、下水道出口，每月用漂白粉消毒一次。每隔 1~2 周，用 2%~3% 的火碱溶液（氢氧化钠）喷洒消毒道路；用 2%~3% 的火碱，或用 3%~5% 的甲醛或 0.5% 的过氧乙酸喷洒消毒场地。

圈舍地面消毒可用含 2.5% 有效氯的漂白粉溶液、4% 福尔马林或 10% 氢氧化钠溶液。停放过芽孢杆菌所致传染病（如炭疽）病羊尸体的场所，应严格加以消毒。首先用含 2.5% 有效氯的漂白粉溶液喷洒地面，然后将表层土壤掘起 30 厘米左右，撒上干漂白粉，并与土混合，将此表土妥善运出掩埋。其他传染病所污染的地面土壤，则可先将地面翻一下，深度约 30 厘米，在翻地的同时撒上干漂白粉（用量为 1 平方米面积 0.5 千克），然后以水浸湿，压平。如果放牧地区被某种病原体污染，一般利用阳光来消除病原微生物；如果污染的面积不大，则应使用化学消毒药消毒。

三、用具和垫料消毒

定时对水槽、料槽、饲料车等进行消毒。一般先将用具冲洗干净后，可用 0.1% 新洁尔灭或 0.2%~0.5% 过氧乙酸消毒，然后在密闭的室内进行熏蒸。注射器、针头、金属器械，煮沸消毒 30 分钟左右。

对于养殖场的垫料，可以通过阳光照射的方法进行。这是一种最经济、最简单的方法，将垫草等放在烈日下，暴晒 2~3 小时，能杀灭多种病原微生物。

四、污物消毒

（一）粪便消毒

按照粪便的无害化处理执行。

（二）污水消毒

最常用的方法是将污水引入污水处理池，加入化学药品（如漂白粉或生石灰）进行消毒。消毒药的用量视污水量而定，一般 1 升污水用 2~5 克漂白粉。

（三）皮毛消毒

皮毛消毒，目前广泛利用环氧乙烷气体消毒法。消毒必须在密闭的专用消毒室或密闭良好的容器（常用聚乙烯或聚氯乙烯薄膜制成的篷布）内进行。此法对细菌、病毒、霉菌均有良好的消毒效果，对皮毛等产品中的炭疽芽孢也有较好的消毒作用。

对患炭疽、口蹄疫、布氏杆菌病、羊痘、坏死杆菌病等的羊皮羊毛均应消毒。应当注意，发生炭疽时，严禁从尸体上剥皮；在储存的原料中即使只发现 1 张患炭疽病的羊皮，也应将整堆与它接触过的羊皮消毒。

（四）病死尸体的处置

病死羊尸体含有大量病原体，只有及时经过无害化处理，才能防止各种疫病的传播与流行。严禁随意丢弃、出售或作为饲料。应根据疾病种类和性质不同，按《畜禽病害肉尸及其产品无害化处理规程》的规定，采用适宜方法处理病羊尸体。

1. 销毁

将病羊尸体用密闭的容器运送到指定地点焚毁或深埋。

2. 焚毁

对危险较大的传染病（如炭疽和气肿疽等）病羊的尸体，应采用焚烧炉焚毁。对焚烧产生的烟气应采取有效的净化措施，防止烟尘、

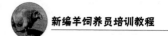

一氧化碳、恶臭等对周围大气环境的污染。

3. 深埋

不具备焚烧条件的养殖场应设置 1 个以上安全填埋井，填埋井应为混凝土结构，深度大于 3 米，直径 1 米，井口加盖密封。进行填埋时，在每次投入尸体后，应覆盖一层厚度大于 10 厘米的熟石灰，井填满后，须用黏土填埋压实并封口。

或者选择干燥、地势较高，距离住宅、道路、水井、河流及羊场或牧场较远的指定地点，挖深坑掩埋尸体，尸体上覆盖一层石灰。尸坑的长和宽径以容纳尸体侧卧为度，深度应在 2 米以上。

4. 化制

将病羊尸体在指定的化制站（厂）加工处理。可以将其投入干化机化制，或将整个尸体投入湿化机化制。

五、人员消毒

饲养管理人员应经常保持个人卫生，定期进行人畜共患病的检疫，并进行免疫接种。

养殖场一般谢绝参观，严格控制外来人员，必须进入生产区时，要换厂区工作服和工作鞋，并经过厂区门口消毒池进入。入场要遵守场内防疫制度，按指定路线行走。

场内工作人员备有从里到外至少两套工作服装，一套在场内工作时间用，一套场外用。进场时，将场外穿的衣物、鞋袜全部在外更衣室脱掉，放入各自衣柜锁好，穿上场内服装、着水鞋，经脚踏放在羊舍门口用 3% 火碱液浸泡着的草垫子。

工作人员外出羊场，脚踏用 3% 火碱液浸泡着的草垫子进入更衣间，换上场外服装，方可外出。

送料车等或经场长批准的特殊车辆可进出场。由门卫对整车用 0.5% 过氧乙酸或 0.5%~1% 菌毒杀，进行全方位冲刷喷雾消毒。经盛 3% 火碱液的消毒池入场。驾驶员不得离开驾驶室，若必须离开，则穿上工作服进入，进入后不得脱下工作服。

办公区、生活区每天早上进行一次喷雾消毒。

六、带羊消毒

定期进行带羊消毒（图5-6），有利于减少环境中的病原微生物，减少疾病发生。常用的药物有0.2%~0.3%过氧乙酸，每立方米空间用药20~40毫升，也可用0.2%的次氯酸钠溶液或0.1%的新洁尔灭溶液。0.5%以下浓度的过氧乙酸对人畜无害，为了减少对工作人员的刺激，在消毒时可佩戴口罩。一般情况下每周消毒1~2次，春秋疫情常发季节，每周消毒3次，在有疫情发生时，每天消毒1次。带羊消毒时可以将3~5种消毒药交替进行使用。

图5-6 带羊消毒

羊在助产、配种、注射及其他任何对羊接触操作前，应先将有关部位进行消毒擦拭，以减少病原体污染，保证羊只健康。

七、发生传染病时的措施

羊群发生传染病时，应立即采取一系列紧急措施，就地扑灭，以防止疫情扩大。兽医人员要立即向上级部门报告疫情；同时要立即将病羊和健康羊隔离，不让它们有任何接触，以防健康羊受到传染；对于发病前与病羊有过接触的羊（虽然在外表上看不出有病，但有被传染的嫌疑，一般叫做"可疑感染羊"），不能再同其他健康羊在一起饲养，必须单独圈养，经过20天以上的观察不发病，才能与健康羊合群；如有出现病灶的羊，则按病羊处理。对已隔离的病羊，要及时进行药物治疗；隔离场所禁止人、畜出入和接近，工作人员出入应遵守消毒制度；隔离区内的用具、饲料、粪便等，未经彻底消毒不得运出；没有治疗价值的病羊，由兽医根据国家规定进行严格处理；病羊尸体要焚烧或深埋，不得随意抛弃。对健康羊和可疑感染羊，要进行疫苗紧急接种或用药物进行预防性治疗。发生口蹄疫、羊痘等急性烈性传染病时，应立即报告有关部门，划定疫区，采取严格的隔离封锁措施，并组织力量尽快扑灭。

第三节　重视免疫防控

一、羊常用的疫苗及选择

（一）无毒炭疽芽孢苗

预防羊炭疽。绵羊颈部或后腿内皮下注射 0.5 毫升，注射后 14 天产生免疫力，免疫期一年。山羊不能使用。2~15℃干燥冷暗处保存，贮存期两年。

（二）第Ⅱ号炭疽芽孢苗

预防羊炭疽。绵羊、山羊均于股内或尾部皮内注射 0.2 毫升或皮下注射 1 毫升，注射后 14 天产生免疫力，绵羊免疫期一年，山羊为 6 个月。0~15℃干燥冷暗处保存，贮存期两年。

（三）布氏杆菌病猪型疫苗

预防布氏杆菌病。肌内注射 0.5 毫升（含菌 50 亿）。3 月龄以下羔羊、妊娠母羊、有该病的阳性羊，均不能注射。用饮水免疫法时，用量按每只羊服 200 亿菌体计算，2 天内分 2 次饮用；在饮服疫苗前一般应停止饮水半天，以保证每只羊都能饮用一定量的水。应当用冷的清水稀释疫苗，并迅速饮喂，效果最佳。

（四）羊快疫、猝狙、肠毒血症三联灭活疫苗

羔羊、成年羊均为皮下或肌内注射 5 毫升，注后 14 天产生免疫力，免疫期 6 个月。

（五）羔羊大肠杆菌病灭活疫苗

3 月龄以下羔羊，皮下注射 0.5~1.0 毫升，3 月龄至 1 岁的羊，皮下注射 2 毫升，注后 14 天产生免疫力，免疫期 5 个月。

（六）羊厌气菌氢氧化铝甲醛五联灭活疫苗

预防羊快疫、猝狙、肠毒血症、羔羊痢疾和黑疫。不论年龄大小，均皮下或肌内注射 5 毫升，注后 14 天产生免疫力，免疫期 6 个月。

（七）羊肺炎支原体氢氧化铝灭活疫苗

预防由绵羊肺炎支原体引起的传染性胸膜肺炎。颈部皮下注射，6 月龄以下幼羊 2 毫升，成年羊 3 毫升，免疫期 1 年半以上。

（八）羊痘鸡胚化弱毒疫苗

冻干苗按瓶签上标注的疫苗量，用生理盐水 25 倍稀释，振荡均匀，不论年龄大小，均皮下注射 0.5 毫升，注后 6 天产生免疫力，免疫期 1 年。

（九）山羊痘弱毒疫苗

预防山、绵羊羊痘。皮下注射 0.5~1.0 毫升，免疫期 1 年。

（十）口蹄疫疫苗

疫苗应为乳状液，允许有少量油相析出或乳状液柱分层，疫苗应在 2~8℃下避光保存，严防冻结。口蹄疫疫苗宜肌内注射，绵羊、山羊使用 4 厘米长的 18 号针头。羊使用 O 型口蹄疫灭活疫苗，均为深层肌内注射，免疫期 6 个月。其用量是：羔羊每只 1 毫升，成年羊每头 2 毫升。

二、羊场免疫程序的制订

达到一定规模化的羊场，需根据当地传染病流行情况建立一定的免疫程序。各地区可能流行的传染病不止一种，因此，羊场往往需用多种疫苗来预防，也需要根据各种疫苗的免疫特性合理地安排免疫接种的次数和时间。目前对于羊还没有统一的免疫程序，只能在实践中根据实际情况，制订一个合理的免疫程序。以下是按月份制订的免疫程序，见表 5–8。

表5-8　羊场免疫程序（按月份）

免疫时间	疫　苗	免疫对象及方法
3—4 月	羊口蹄疫亚Ⅰ、O 型双价苗	4 月龄以上所有羊只肌内注射 1 毫升，间隔 20 天强化注射 1 次
3—4 月	羊三联四防	全群免疫，每头份用 20% 氢氧化铝胶盐水稀释，所有羊只一律肌内注射 1 毫升
5 月	羊痘冻干苗	全群免疫，用生理盐水 25 倍稀释，所有羊只一律皮下注射 0.5 毫升
9—10 月	羊口蹄疫亚Ⅰ、O 型双价苗	4 月龄以上所有羊只肌内注射 1 毫升，间隔 20 天强化注射 1 次
9—10 月	羊三联四防	全群免疫，每头份用 20% 氢氧化铝胶盐水稀释，所有羊只一律肌内注射 1 毫升
11 月	羊痘冻干苗	全群免疫，所有羊只一律皮下注射 0.5 毫升

三、羊免疫接种的途径及方法

（一）肌内注射法

适用于接种弱毒或灭活疫苗，注射部位在臀部及两侧颈部，一般用 12 号针头。

（二）皮下注射法

适用于接种弱毒或灭活疫苗，注射部位在股内侧、肘后。用大拇指及食指捏住皮肤，注射时，确保针头插入皮下，为此进针后摆动针头，如感到针头摆动自如，推压注射器推管，药液极易进入皮下，无阻力感。

（三）皮内注射法

一般适用于羊痘弱毒疫苗等少数疫苗，注射部位在颈外侧和尾部皮肤褶皱壁。左手拇指与食指顺皮肤的皱纹，从两边平行捏起一个皮褶，右手持注射器使针头与注射平面平行刺入。注射药液后在注射部位有一豌豆大小泡，且小泡会随皮肤移动，则证明确实注入皮内。

（四）口服法

它是将疫苗均匀地混于饲料或饮水中经口服后获得免疫。免疫前应停饮或停喂半天，以保证饮喂疫苗时每头羊都能饮一定量的水或吃入一定量的饲料。

四、影响羊免疫效果的因素

（一）遗传因素

机体对接种抗原的免疫应答在一定程度上是受遗传控制的，因此，不同品种甚至同一品种的不同个体的动物，对同一种抗原的免疫反应强弱也有差异。

（二）营养状况

维生素、微量元素、氨基酸的缺乏都会使机体的免疫功能下降。例如，维生素 A 缺乏会导致淋巴器官的萎缩，影响淋巴细胞的分化、增殖、受体表达与活化，导致体内的 T 淋巴细胞数量减少，吞噬细胞的吞噬能力下降。

（三）环境因素

环境因素包括动物生长环境的温度、湿度、通风状况、环境卫生及消毒等。如果环境过冷过热、湿度过大、通风不良都会使机体出现不同程度的应激反应，导致机体对抗原的免疫应答能力下降，接种疫苗后不能取得相应的免疫效果，表现为抗体水平低、细胞免疫应答减弱。环境卫生和消毒工作做得好可减少或杜绝强毒感染的机会，使动物安全度过接种疫苗后的诱导期。只有搞好环境，才能减少动物发病的机会，即使抗体水平不高也能得到有效的保护。如果环境差，存有大量的病原，即使抗体水平较高也会存在发病的可能。

（四）疫苗的质量

疫苗质量是免疫成败的关键因素。弱毒疫苗接种后在体内有一个繁殖过程，因而接种的疫苗中必须含有足够量的有活力的病原，否则会影响免疫效果。灭活苗接种后没有繁殖过程，因而必须有足够的抗原量做保证，才能刺激机体产生坚强的免疫力。保存与运输不当会使疫苗质量下降甚至失效。

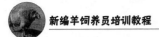

（五）疫苗的使用

在疫苗的使用过程中，有很多因素会影响免疫效果，例如疫苗的稀释方法、水质、雾粒大小、接种途径、免疫程序等都是影响免疫效果的重要因素。

（六）病原的血清型与变异

有些疾病的病原含有多个血清型，给免疫防治造成困难。如果疫苗毒株（或菌株）的血清型与引起疾病病原的血清型不同，则难以取得良好的预防效果。因而针对多血清型的疾病应考虑使用多价苗。针对一些易变异的病原，疫苗免疫往往不能取得很好的免疫效果。

（七）疾病对免疫的影响

有些疾病可以引起免疫抑制，从而严重影响了疫苗的免疫效果。另外，动物的免疫缺陷病、中毒病等对疫苗的免疫效果都有不同程度的影响。

（八）母源抗体

母源抗体的被动免疫对新生动物是十分重要的，然而对疫苗的接种也带来一定的影响，尤其是弱毒疫苗在免疫动物时，如果动物存在较高水平的母源抗体，会严重影响疫苗的免疫效果。

（九）病原微生物之间的干扰作用

同时免疫两种或多种弱毒疫苗往往会产生干扰现象，给免疫带来一定的影响。

技能训练

羊场的消毒。

【目的要求】建立切实可行的消毒制度，并认真操作。

【训练条件】必要的清扫用具、喷雾器、相关消毒液等。

【考核标准】

1.消毒液准备充分，配制合理。

2.各种消毒按规程要求操作。

思考与练习

1. 羊场的卫生管理主要包括哪些内容?

2. 为什么消毒前必须对环境进行清扫?

3. 羊场发生传染病时应如何处置?

4. 影响羊免疫效果的因素有哪些?

参考文献

[1] 周淑兰，曹国文，付利芝．羊病防控百问百答 [M]. 北京：中国农业出版社，2010.

[2] 王福传，段文龙．图说肉羊养殖新技术 [M]. 北京：中国农业科学技术出版社，2012.

[3] 王玉琴．肉羊生态高效养殖实用技术 [M]. 北京：化学工业出版社，2014.